崇尚太阳之美

探索宇宙奥秘

热烈祝贺《太阳之美》问世！

中国科学院院士、国际天文学联合会前任副主席、南京大学方成教授题词

太阳之美

一颗恒星的过去、现在和未来

谭宝林 著

天津出版传媒集团

天津科学技术出版社

图书在版编目（CIP）数据

太阳之美：一颗恒星的过去、现在和未来 / 谭宝林

著 . -- 天津：天津科学技术出版社 , 2019.1

ISBN 978-7-5576-5829-8

Ⅰ . ①太… Ⅱ . ①谭… Ⅲ . ①太阳—普及读物 Ⅳ .

① P182-49

中国版本图书馆 CIP 数据核字 (2018) 第 274125 号

太阳之美：一颗恒星的过去、现在和未来

TAIYANG ZHIMEI：YIKE HENGXING DE GUOQU XIANZAI HE WEILAI

责任编辑：方 艳 张建锋

出 版： 天 津 出 版 传 媒 集 团
天津科学技术出版社

地 址：天津市西康路 35 号

邮政编码：300051

电 话：（022）23332695

网 址：www.tjkjcbs.com.cn

发 行：新华书店经销

印 刷：北京天恒嘉业印刷有限公司

开本 787×1092 1/16 印张 20 字数 300 000

2019 年 1 月第 1 版第 1 次印刷

定价：138.00 元

　　曾经有一首歌唱道："大海航行靠舵手，万物生长靠太阳。"太阳带给我们春光明媚、夏花满园、秋果累累、冬雪飘飘。太阳让我们的世界生机盎然、多姿多彩，也让我们的生活更加美好。每当我们抬头望日，那一轮耀眼的光芒让我们炫目，也让我们心生疑惑：太阳是从哪儿来的呢？太阳离我们到底有多远？太阳有多重？太阳到底有多大？亿万年来太阳如此温暖闪耀，能量是从哪儿来的？为什么太阳的高层日冕大气竟然比低层的光球还要热上数百倍？为什么太阳活动具有周期性？太阳风暴会干扰人类的美好生活吗？用何种方式干扰我们的生活？太阳耀斑爆发会不会毁灭我们的地球？这些问题让我们激动，也让我们困惑。有些问题在科学家那里已经有了明确的答案，但是，有些问题仍然还在困惑着科学家，他们还在冥思苦想，去寻求更合理的答案。也许，有些问题甚至还需要未来的科学家——也就是年轻的你们去探索。

　　过去的人们，因为不了解科学，当有疑问时，尤其是对大自然产生疑问时，总是把它们和某种神话联系在一起，例如羲和洗日、后羿射日、夸父追日、女娲补天……这些神话在感叹古人们面对自然灾害不折不挠地抗争的同时，也反映了人们对天文现象缺乏正确的认识。

　　事实上，在浩瀚的宇宙沧海里，太阳仅仅只是数亿万颗恒星之一。和其他恒星相比，她既不是特别大，也不是特别小；既不是特别亮，也不是特别暗；既不是特别老，也不是特别年轻——她仅仅只是一颗普通的恒星。和其他恒星相比，太阳与众不同的地方就是她是距离我们最近的恒星。太阳是唯一一颗直接决定地球生命起源和繁衍的恒星。在人类长长的历史记忆里，太阳是美好的，她光芒灿烂，她带给地球温暖光明和四季更迭。太阳也是唯一一颗我们可以进行高分辨率仔细研究其细节特征和活动规律的恒星。我们关于天上星星的许多知识，如它们的物质构成、它们的能量来源、它们的演化规律，等等，都是基于对太阳的认识而类推和反演得来的。我们关于其他恒星的许多研究结果，都总是要拿到太阳上来进行验证——把太阳当成了天然的天体物理实验室。从对太阳的探索中，我们也基本了解了宇宙中其他恒星的过去、现在和未来。

在《太阳之美——一颗恒星的过去、现在和未来》一书里，我精选了 100 个问题，分七个部分进行介绍：太阳的前世今生、如何观测太阳、太阳的内部结构、太阳的外部大气、太阳活动、太阳风暴以及太阳的未来。每一个问题用千字左右的篇幅，力求简明通俗、准确真实地将有关问题的来龙去脉介绍清楚，尽可能将科学家们最新的研究成果和存在的问题呈现给大家。也许，限于小朋友们的知识水平，有些内容不一定马上就能读懂。但是，如果他们能带着这些似懂非懂的问题去求学，相信随着知识的逐步积累，一定会获得越来越深刻清晰的理解。这就好比在他们幼小的心灵里撒下一粒探索科学的种子，随着知识的增长和积累而逐渐生根发芽并茁壮成长。

因为本人承担着大量科研和教学工作，在过去一年多的时间里，只能利用工作之余的深夜和节假日撰写这本书。如果读完这本书，读者朋友们能有某些收获，能获得某种启发，那么我将感到十分欣慰。本书在撰写过程中，山东大学物理系学生王雨婵同学、中国科学院大学博士研究生谭晓宇同学，以及其他几位朋友分别试读了本书初稿，从读者角度提出了许多有益的意见。北京博采雅集文化传媒有限公司为本书的撰写和出版提供了全面支持，在此一并表示感谢！

希望朋友们能在空余时间里拿起这本书，让这里的文字给大家带来对天文学的兴趣、对科学的热情、对美好未来的向往！并用夸父追日般的毅力去追求科学，追逐梦想，享受美好的人生！

中国科学院国家天文台　研究员

中国科学院大学天文学与空间科学学院　教授

谭宝林

2018 年 5 月 9 日

CONTENTS

目 录

第六章　太阳风暴

第七章　太阳的未来

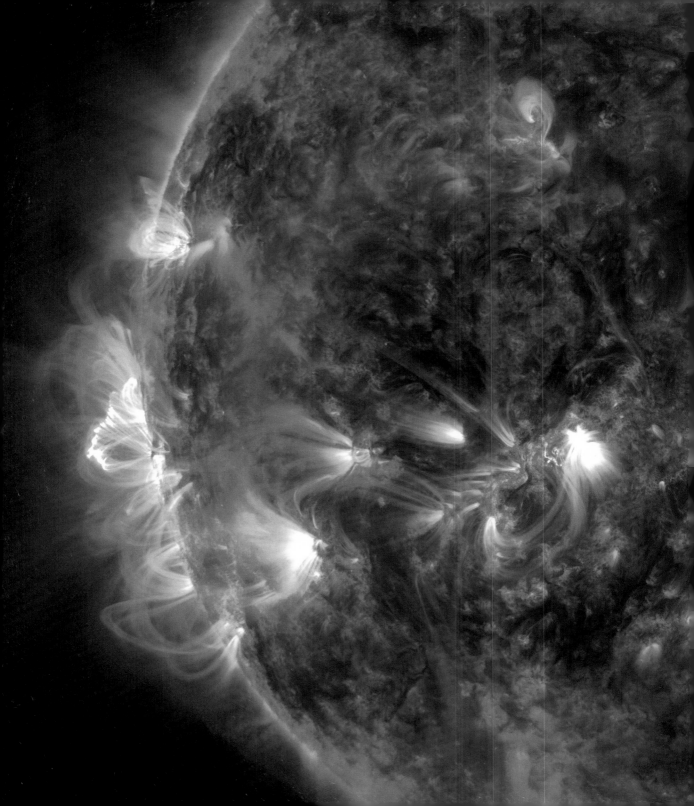

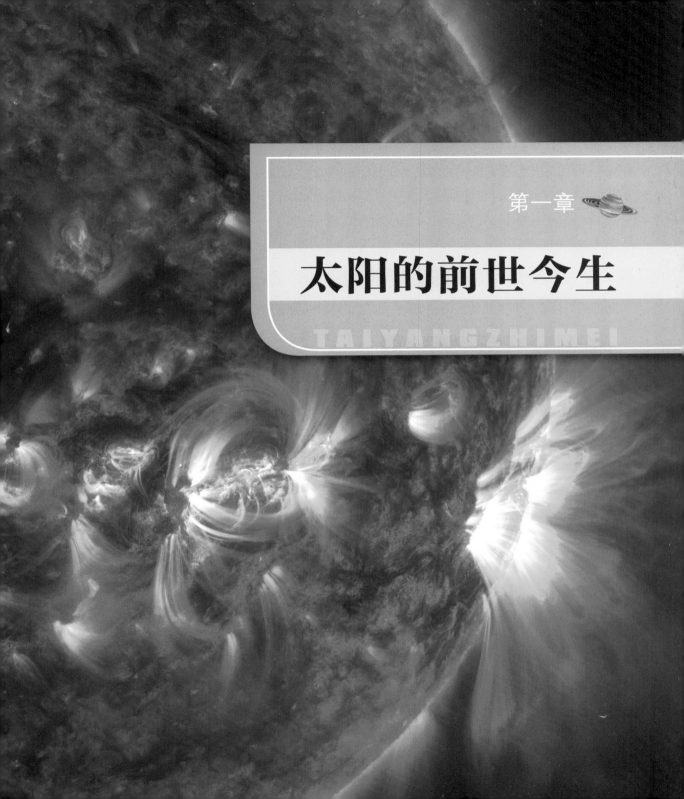

第一章

太阳的前世今生

TAIYANGZHIMEI

对古代的人们来说，太阳是天地万物间最神秘的存在了：它每天早上从东方地平线上辉煌地升起，带给人类一天的光明；傍晚在西边天际黯然落下，带走最后一片晚霞。它是如此的灿烂辉煌，和人类的生活密切相关，它又是那么的遥远而不可即。它来了，带来了温暖和勃勃生机；它走了，大地重归黑暗、寂寥。有了它，才有了人类家园的万物生长、繁茂昌盛。因此，自古以来，太阳一直是人们顶礼膜拜的对象，世界各地都有各种或神秘，或浪漫的关于太阳的传说。

在中国的古老传说里，先民们把祖先炎帝尊奉为太阳神。不过，在《山海经》里，太阳神是羲和的儿子。羲和与上古帝生了十个儿子，他们住在东方大海的扶桑树上，十个儿子每天轮流在天上值日，这就是太阳了。因此，羲和也被称为"太阳之母"。后来，十个兄弟不满值日的先后次序，十日并出烘烤大地，以致世间酷热难熬、灾害连连。后羿不忍人间悲苦，替天行道，用神箭射杀了其中九个太阳，这便是"后羿射日"的由来。山东省日照市汤谷镇天台山中国太阳神祭坛遗址公园，

图1 《山海经》中关于羲和与十个太阳的传说

有太阳神石、太阳神陵、观测天文的石质日晷、祭祀台、老母庙等。根据《山海经》《尚书》和《史记》记载，羲和族人祭祀太阳的地方很可能就是天台山，当地每年农历 6 月 19 日过太阳节的习俗由来已久。战国时期楚国著名诗人屈原写的诗篇《九歌》中的第七篇《东君》，这里的"东君"指的也是太阳。

为了认识和利用太阳，《山海经·海外北经》里有关于"夸父追日"的传说："夸父与日逐走，入日；渴，欲得饮，饮于河、渭；河、渭不足，北饮大泽。未至，道渴而死。弃其杖，化为邓林。"关于这段传说，有一种解读是这样的：夸父为了弄清太阳在一年四季对农作物的影响，能够让人们熟悉大自然的规律以及合理利用阳光，拿着一根桃木棍儿从东至西测量日影规律以确定四季，

图 2　夸父追日

图3　希腊神话中驾着太阳车的太阳神赫利尤斯

再从黄河和渭河的涨水痕迹上标出洪水水位的变化规律，这样可以帮助人们合理安排农作物耕种。至于为什么夸父拿的是桃木棍儿，可能是古代人迷信，认为桃木可以避邪。如此说来，夸父或许就是中国古代农业科学家的先祖。

古希腊的神话里，有好几位太阳神。最著名的便是阿波罗神（Apollo），全名为福玻斯·阿波罗（Phoebus Apollo），其中，福玻斯即为"光明、明亮"之意，他是万神之王宙斯与黑夜女神勒托（Leto）之子。第二位太阳神是赫利尤斯（Helius），他是真正的驾着太阳车的太阳神，是海佩瑞昂（Hyperion）与提亚（Thea）之子。赫利尤斯是个高大魁伟、英俊的美男子，身披紫袍，头戴光芒万丈的金冠，每天驾驶着太阳车从天空驶过，给世界带来光明。但是，许多神话中把赫利尤斯与阿波罗混同在一起了，一些关于赫利尤斯的故事往往都被移植到阿波罗身上了。第三位太阳神便是海佩瑞昂，他被认为是原始太阳球体的化身，也是希腊神话里最早被提到的太阳神。

日本神话里，有天照大神一说。天照大神被认为是天地间的统治者和太阳女神，是神道教里的最高神，也被奉为日本天皇的始祖。古埃及神话中将太阳称为拉神，拉神不仅是造物主、众神之王，还教会人类创造发明，祛灾免邪，降福于人，因而深得人类的爱戴和颂扬，以至许多古埃及的法老也常常以"拉神"自居。

无须质疑，这些关于太阳的神话，有些是源于人类在蒙昧状态下的美好想象，有些则是源于统治阶级对自己粉饰的需要。它们都是缺乏严谨科学观测的产物。要真正了解太阳，必须从大量准确、严密的科学观测入手。自1609年意大利科学家伽利略发明望远镜以来，人类对太阳有了越来越深入的科学了解。

为什么太阳与众不同？

每当夜幕降临，我们抬头仰望星空，浩瀚的星辰大海里有无数颗明亮的星星。我们知道，除了金星、水星、木星等少数几颗星星是我们太阳系里的行星外，其他星星几乎都是来自遥远的恒星——和我们的太阳一样的恒星。在这亿万颗恒星中，有的比我们的太阳大几倍、几十倍甚至上百倍，有的又比太阳还小许多，是太阳的几十分之一或几百分之一！因此，太阳仅仅只是宇宙中极为普通的一颗恒星。在天文学家对恒星进行统计分类的赫罗图上，太阳位于主序星的中部，是一颗颜色偏黄、质量偏小的 G 型矮星。那么，为什么唯独太阳（Sun）对我们这么重要呢？

我们生活的地球位于太阳系（Solar system），是太阳系中八大行星之一。按照其轨道距离太阳由近及远的顺序，太阳系的八大行星依次为：水星（Mercury）、金星（Venus）、地球（Earth）、火星（Mars）、木星（Jupiter）、土星（Saturn）、天王星（Uranus）、海王星（Neptune）。此外，还有谷神星（Ceres）、冥王星（Plato）等若干颗矮行星（Dwarf planet），火星和木星轨道之间还有数十万颗小行星，许多行星周围还有卫星。除此之外，还有大量的彗星（Comet）和流星体（Meteoroid）等小天体。但是，所有这些大行星、矮行星、小行星、卫星、彗星和流星体的质量加在一起，还占不到整个太阳系总质量的1%，剩下99%以上的质量都属于太阳。太阳是整个太阳系家族里的超级大王，是主宰。太阳的质量比太阳系其他任何成员的质量都要大1000倍以上，是地球的33万倍！从体积上说，太阳的半径是地球的109倍，体积是地球的130万倍。即使是太阳系最大的行星——木星，其体积也只有太阳的0.1%左右，质量还不到太阳的0.1%。

太阳强大的引力严格控制着太阳系各成员的运动，即使是质量比地球大300多倍的木星也必须乖乖地绕着太阳运动。当然啦，我们的地球也绝对逃不出太阳的掌控，几十亿年以来也只能老

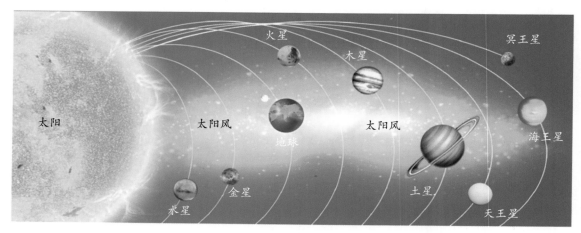

图4　太阳是太阳系的主宰

老实实地绕着太阳运转。

太阳也是离我们最近的恒星，距离地球只有 1.5 亿千米。如果用光年为单位来计算，只有大约 0.000015 光年。与此对比，离地球最近的恒星——比邻星（半人马座 α 星）距离我们 4.22 光年，是太阳到地球距离的 28 万倍！天空中最著名的亮星天狼星（大犬座 α 星）距离地球也有 8.65 光年之远，几乎是太阳到地球距离的 60 万倍！

正因为太阳离地球近，所以我们每天都能感受到太阳的温暖和光芒，地球上才有了四季变迁和万物生长。对于我们人类的家园地球来说，

太阳系家族

如果我们把太阳系看成是一个家庭的话，家长无疑就是太阳。这个家长通过强大的引力控制着众多家庭成员，包括 8 颗大行星、若干颗矮行星、数十万颗小行星、数以万计的彗星和流星体，以及缥缈浩瀚、若隐若现的众多行星际介质云。大行星周围还存在许多卫星，例如地球有一颗卫星——月球，火星有 2 颗卫星，木星迄今已经发现有 68 颗，土星有 67 颗，天王星有 27 颗，海王星有 14 颗，实实在在的一个非常庞大的家族啊。

太阳为地球送来光和热，在地球大气层顶，每平方米面积上所接收到的太阳辐射能量高达 1367 瓦，而整个地球所接收到的总太阳能高达 17 亿亿瓦，比目前全世界所有发电站发出的电能总和还多

100 倍以上。因此，太阳是地球上一切生命之源，说"万物生长靠太阳"也毫不为过。

我们人类的家园——地球每时每刻都浸泡在来自太阳发射的电磁波辐射和各种高能粒子辐射的背景中。每时每刻都有太阳风（Solar wind）从我们的地球周围吹过。太阳上发生的任何变化，比如太阳耀斑（Solar flare）、日珥爆发（Filament eruption）、日冕物质抛射（Coronal mass ejection）等剧烈活动现象，都对我们地球周边的环境产生物质和能量的输入，直接决定了地球及其周围空间环境及其变迁。太阳对我们的影响，是其他任何遥远的星星都无法比拟的。因此，我们说太阳是对人类生存产生最大影响的、最为特殊的一颗恒星。

太阳在哪里？

我们已经知道，地球不是宇宙的中心，太阳也不是宇宙的中心。我们人类家园——地球之外的空间，是一个广阔无垠的浩瀚星海，太阳仅仅只是其中毫不起眼的一颗星星而已。早上，太阳出现在我们的东边；傍晚，太阳运行到我们的西边。地球绕着太阳公转，公转一周为一年。太阳是太阳系的大王，可这个大王在宇宙中又位于什么位置呢？

首先，太阳位于银河系中。天文学观测表明，银河系是由 2000 亿 ~ 4000 亿颗恒星构成的一个巨大的、高度扁平的恒星系统，整体形状类似于一个圆薄饼。薄饼的直径大约为 16 万光年，厚度大约为 5000 光年，称为银盘。银盘的中心平面称为银道面。银盘的中央是一个长轴大约为 14000 光年的椭球状的核球，是恒星分布高度密集的地方，核球的中心则是一个质量大约是太阳 400 万倍的巨型黑洞。综合光学、红外和射电观测资料，天文学家们发现，银盘是由 4 条旋臂构成的旋涡状结构。在旋臂上，恒星分布的密度较高；而在旋臂之间的区域，恒星分布的密度较少。在银盘周围有一个恒星分布比较稀疏的巨大的银晕，直径大约为 30 万光年。

宇宙大爆炸理论

1946 年，著名物理学家伽莫夫为了解释 1929 年天文学家哈勃发现的宇宙红移现象，提出宇宙是由大约 137 亿年之前的一次大爆炸逐渐演化而来的。大爆炸发生之后，随着温度和密度的逐渐降低，依次产生了电子、质子、中子等粒子，并随后形成了原子和分子等。在宇宙极早期，均匀分布的物质云因局部密度扰动而产生不均匀性。其中，密度较大的地方引力强，通过引力塌缩聚集而形成星系；密度小的地方引力弱，物质被吸走，自然形成宇宙大空洞。这是当代最有影响力的一种宇宙学模型。

在银河系中，太阳位于银盘上的一个旋臂上，该旋臂大约位于猎户座方向上。太阳与银河中心的距离大约是 2.7 万光年，距离银道面大约 26 光年（相对于整个银河系的尺度来说，26 光年几乎可以忽略，因此，我们可以说太阳几乎就位于银道面上）。整个银河系也是在绕着银心旋转，图 5 近似显示了太阳在银河系中的位置和运动特点。从中可以看出，太阳在银河系中其实是近似沿着一条波浪状的环线轨道运动（如图中的蓝色粗线），其运动速度大约为每秒 220 千米；旋转一周的时间大约为 2.5 亿年。地球绕太阳公转的轨道，我们称为黄道（图中的红色环线示意）。

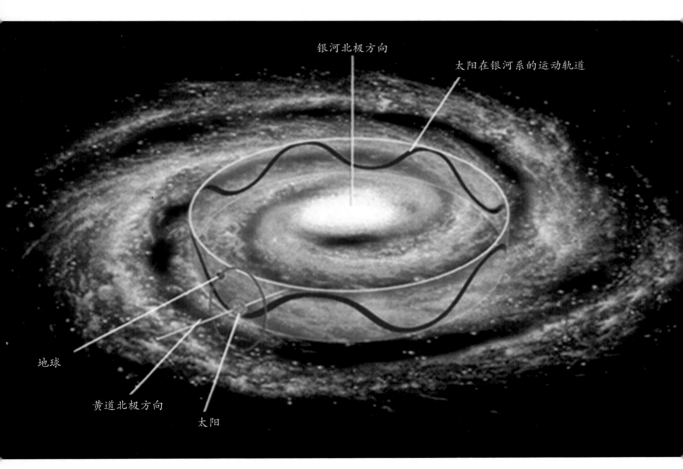

图 5　太阳在银河系中的位置和轨道特征

太 阳

图 6　想象从侧面看银河系时，太阳所在的位置

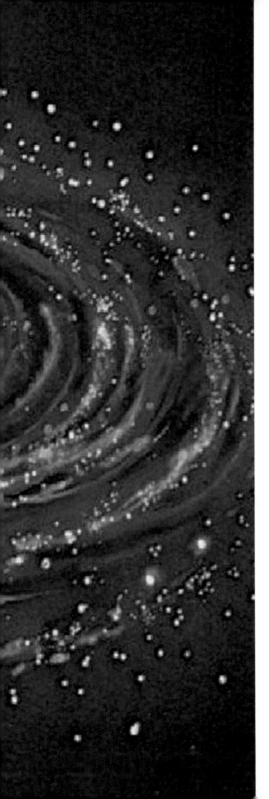

黄道平面和银盘面几乎垂直。

事实上，在宇宙中还有无数的像银河系这样的星系，科学家们估计在宇宙中存在超过 1000 亿个类似于银河系的星系。每一个星系都是由几百亿到上万亿颗恒星、大量星际气体云和尘埃等构成。最小的星系，即矮星系中大约有 1000 万颗恒星，而最大的巨型星系则拥有超过 100 万亿颗恒星。星系是构成宇宙的基本单元，也就是说每一个星系就像宇宙中的一个分子，银河系仅仅只是极其普通的一个。仙女座星系（科学家们给它的编号是 M31）则是离银河系最近的星系，距离大约 254 万光年，其体积大约是银河系的 2 倍。

根据宇宙大爆炸理论，我们的宇宙是在大约 137 亿年前发生的一次大爆炸（Big Bang）后膨胀而逐步形成的。

20 世纪 70 年代，天文学家们通过望远镜观测发现在牧夫座方向存在一个宇宙大空洞，直径超过 10 亿光年，其中星系、星云及暗物质等都非常稀少。80 年代初，天体物理学家们曾经进行过系统论证，比较主流的说法是这个宇宙大空洞很可能就靠近宇宙的中心位置，而我们的银河系所在的本星系群就位于室女座超星系团的边缘地带，恰巧在靠近宇宙大空洞的这一边，距离牧夫座宇宙大空洞的中心大约只有 4 亿光年。相对于宇宙的 137 亿光年的巨大空间尺度来说，银河系非常靠近宇宙的中心位置了。因此，地球是如此的幸运，让我们有机会站在一个相对比较合适的位置上窥测宇宙的奥秘。

太阳是从哪里来的？

我们已经知道，太阳的质量是地球的33万倍，体积是地球的130万倍。把太阳系所有的大行星、小行星、彗星等加在一起，也只占太阳系总质量的一个很小的比例。这么大的太阳系超级大王是从哪儿来的呢？

太阳的起源一直是科学家们非常想探索的问题，但这一问题至今也没有得到完美的答案。

天文学家们利用大型望远镜发现，在宇宙中，恒星与恒星之间、星系与星系之间并不是空无一物的，而是布满了大量稀薄的物质。其中，包括气体、尘埃，或它们的混合物，它们通常温度很低、极其稀薄，但是空间尺度很大，可达几光年，只能发出微弱射电波，科学家们称它们为星云（Nebula）。恒星与恒星之间的被称为星际星云，而分布在星系与星系之间的被称为星系际星云。

这些星云的温度大约在零下160摄氏度以下，在没有受到什么外力作用的时候，它们就像天空中的云朵，在太空中天长地久地飘浮。但是，如果这些星云受到某种扰动，使局部的物质密度比周围其他地方大，这里的引力就会比别的地方强，会把周围更多的物质吸引到这

太阳系起源的其他假说

除了星云说外，有关太阳系的起源还有灾变说、俘获说等多种假说。灾变说认为行星是从太阳上分离出来的物质经逐步演化而形成的，这种分离的过程通常是源自于某种灾变过程，例如，别的恒星靠近太阳或撞击太阳而带出来部分物质，或者太阳上发生剧烈爆发而抛出部分物质等。俘获说则认为在太阳形成以后，当它绕着银心旋转的过程中，从途经的星际云或靠近的其他恒星上俘获物质，在太阳周围形成星云盘，盘中进一步演化形成行星和卫星等天体。

图 7　太阳是由原始太阳星云经引力收缩而形成的

里，从而使密度越来越大，引力越来越强，将更快地把周围的物质往这里吸引，逐渐聚集成一个密度大、质量大、体积小、引力强的天体，这种过程称为引力塌缩。使星云中产生局部密度扰动的原因有很多种。例如，邻近有超新星爆炸，产生的爆炸激波通过星云时，会使星云产生压缩，从而使星云密度增加到可以靠本身重力持续地收缩。又比如，星系中的磁场作用也会使局部物质密度增加。再如星云之间的碰撞，也可能使星云产生重力溃缩，等等。通过引力塌缩来解释恒星及其周围行星等天体的形成过程的学说，称为星云说。

　　根据星云说，有一团"原始太阳星云"，其质量大约为目前太阳的 500 倍，直径大约为目前太阳的 500 万倍。大约在 50 亿年前，因为受到邻近超新星爆炸冲击波的扰动，原始太阳星云开始引力塌缩。体积越缩越小，核心的温度逐渐升高，密度也越来越大。当体积缩小百万倍后，中心区域出现一颗原恒星，核心区域的温度逐渐接近 700 万开左右时触发了氢核聚变反应，释

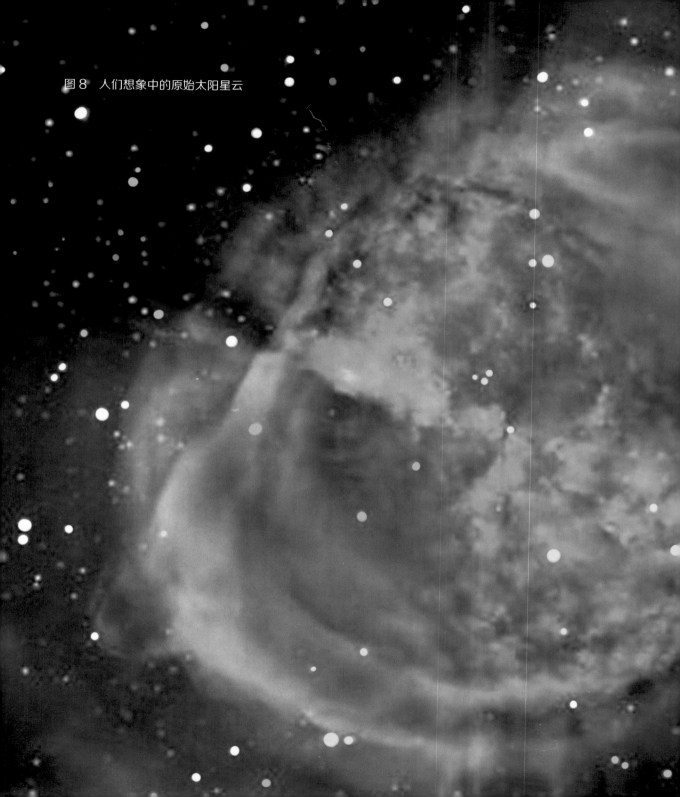

图 8　人们想象中的原始太阳星云

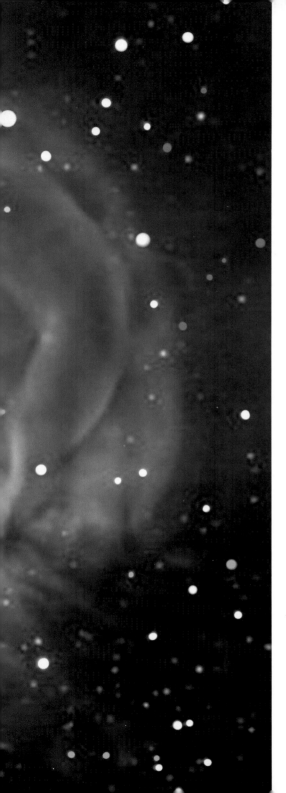

放出巨大的能量并导致周围温度进一步升高，热应力增加足以抵抗引力塌缩，这时中心的原恒星停止收缩并向外发光，这时，一颗我们称为"太阳"的恒星便诞生了。

太阳附近的空间还存在大量的星云物质，它们中极少的一部分便通过类似于上述引力塌缩的方式形成了水星、金星、地球、火星、木星等大行星，矮行星，小行星和彗星等太阳系各成员。

事实上，刚刚形成的太阳并不稳定，其体积缩胀不定，收缩的重力遭到热膨胀压力的阻挡，有时热膨胀力超过了重力，恒星便膨胀。但是，当发生膨胀时，温度便会下降，热膨胀压力减小，从而无法抵挡重力，于是恒星又开始收缩。当发生收缩时，恒星内部的温度升高，热膨胀应力增强，又导致收缩减慢甚至转为膨胀。如此膨胀、收缩反复发生，加上周围还笼罩着大量的气体云，因此，恒星的亮度变化很不规则。但是，胀缩的幅度会越来越小，最后热膨胀应力和引力收缩达到平衡，进入一个长期的稳定状态，这时，太阳便成为一颗黄色的恒星，就是我们现在看到的。

太阳进入稳定期后，相当稳定地发出光和热，可以持续一百亿年之久。这期间占太阳一生时光的90%，天文学家将这个时期称为"主序星"时期。太阳成为一颗黄色主序星，至今已有大约 50 亿年了。再过 50 亿年，太阳将度过其一生的黄金岁月，进入晚年。

太阳离我们有多远？

我们常常说，太阳是离我们最近的恒星。人们通常也将日地距离——从地球到太阳的距离，称作一个天文单位（Astronomical Unit, AU），用来丈量其他天体之间的距离。那么，太阳到底离我们多远呢？

现代天文学知识告诉我们：1AU=149597870700 米，即大约等于 1.5 亿千米。也许，有人会觉得这是一个非常简单的常识了，小朋友们在很早以前的自然常识课程里就已经知道了。但是，怎么测得这个距离呢？这个问题回答起来并不容易，它曾困扰了人们 2000 多年。因为过去的天文学家可不像我们今天拥有那么多精确的测量技术。所以过去所获得的日地距离误差都非常大，导致人们对宇宙其他天体的观测同样存在极大的误差，因为大家都是用 AU 来表示其他天体之间的距离。日地距离是一个非常重要的天文学单位，是我们探索遥远星辰大海的重要基石。

早在古希腊时代，人们发现在日全食时月亮几乎将整个太阳完全覆盖，人们通过肉眼观测月全食来推算太阳直径，再加上太阳的视角约为 0.5°，就可算出日地距离。不过，这个方法对观测误差非常敏感，因为太阳太亮了，推算结果存在非常大的误差。

（1）利用火星大冲测定日地距离

到了 17 世纪，人们发现了开普勒定律，于是提出了新的测量办法：各行星的轨道半径之比可以利用开普勒定律算出，所以只要测出外行星的视差，就可以推算出太阳的视差，从而得到日地距离。1672 年，卡西尼（J. Casini）利用火星大冲时的周年视差法进行了日地距离的测定。该方法的具体原理见图 9。

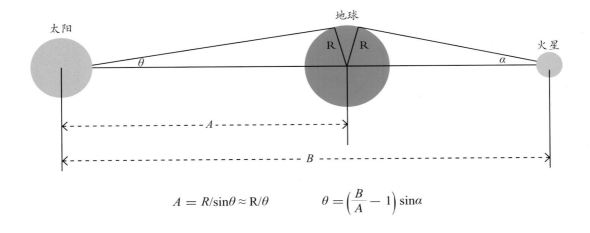

$$A = R/\sin\theta \approx R/\theta \qquad\qquad \theta = \left(\frac{B}{A} - 1\right)\sin\alpha$$

图9　测定日地距离（A）的原理

比值 $\frac{B}{A}$ 可以根据地球和火星的公转周期从开普勒第三定律计算而得到。其中，太阳周年视差（θ）和火星的周年视差（α）均由弧度表示。1669年，皮卡德精确测量了地球半径；1676年，罗默测定了光速值，这一切都为日地距离的精确测定奠定了理论基础。

（2）利用金星凌日测定日地距离

1716年，英国著名天文学家哈雷提出了一套利用金星凌日的观测来计算日地距离的方法。1769年5月23日，欧洲天文学家与航行至塔希提岛的库克船长合作观测，得到了精确的观测资料。据说当时英法两国正在交战，但是为了完成这项历史性的科学测量，法国政府特别下令海军不得攻击库克船长的奋进号（Endeavour），而且还必须保护其航行安全。1771年，法国天文学家拉朗德（Lalande）根据这次珍贵的观测资料，首次算出日地距离为1.52亿～1.54亿千米，与今日的测量值1.49亿千米甚为接近。正是由于这种超越了战争双方的国际合作，千百年来未解的"天文单位"才得以在这难得的天象下获得了第一个精确的测量值，误差在3%以内。

（3）利用小行星大冲测定日地距离

无论是火星还是金星，都是有较大视面的天体，测定其视差会产生较大的误差。1931年，当第433号小行星，也就是爱神星发生大冲时，人们提出，可以利用这颗最大长度仅仅33千米的小行星的大冲来精确地测定日地距离，所得结果与现在的精确结果误差在 0.1% 以内。

到了 2012 年，人们通过更加先进的观测技术再次利用金星凌日计算出更加精确的日地距离，即 149597870700 米，于是我们可以用这个天文单位来衡量宇宙间其他天体的距离。

在 20 世纪 60 年代初，雷达技术的发展使得金星的距离可以直接由雷达精确测出，不必再用视差。现在则是在太空探测器上使用雷达和其他遥感手段测量行星距离，从而算出日地距离。因为地球绕太阳沿椭圆轨道运行，根据现代一系列的精确测量表明，日地距离的最大值为 15210 万千米（地球位于远日点，大约是每年的 7 月 6 日）；最小值为 14710 万千米（地球位于近日点，大约在每年的 1 月 2 日）；平均值为 14960 万千米，这就是一个天文单位，缩写为 AU，1976 年国际天文学联合会把它确定为 1AU=149597871 千米。

现在我们知道了，太阳与我们的距离大约为 1.5 亿千米远，这究竟有多远呢？假设我们以光速飞行，则需要 8 分钟 18 秒才能从地球飞到太阳；而如果改用速度为每秒 10 千米的火箭，从地球出发，则需要 174 天才能到达太阳；如果我们乘坐时速为 1000 千米的喷气式客机，即使沿直线飞行，也需要 17 年才能飞完这段距离！如果我们选择步行的话，假设一个小时能走 5 千米，昼夜不息，经年累月，需要走 3400 多年！我们知道，人的一生最长也不过才 100 多年啊。可见，太阳实在太遥远了。

太阳有多大？

太阳离我们有 1.5 亿千米之遥，可是我们如何测量太阳到底有多大呢？

早期，人们利用记录太阳穿过子午圈的时间和测量天顶到太阳上边缘和下边缘的角度来推算太阳的半径，这是英国格林尼治皇家天文台从 1836 年开始一直持续到 1951 年为止测量太阳半径的常规方法。这种方法的观测结果受天气和观测条件的限制比较大，不适合研究太阳半径的长期变化。太阳半径的变化涉及太阳内部构造、辐射机制和演化等一系列重大太阳物理问题，还对日地关系、地球大气物理、空间环境等许多科学问题的研究有着重要的理论意义和实际意义。

在发生日食或行星凌日现象时，也可以通过观测来确定太阳半径。例如，在发生日食时，假定太阳和月球都是理想的圆球体，它们之间的距离已知，通过精确测定日食的 4 次接触时刻，可以计算出太阳半径的大小。在日食期间，月球边缘与太阳边缘的相对距离以大约每秒移动 0.5 角秒的速率变化，如果我们能将各时刻的记录精确到 0.1 秒，则太阳半径的测量精度就能高于 0.1 角秒，即 70 千米量级。除此之外，人们还发明了望远镜漂移扫描技术、等高圈方法、卫星角距测量等方法测定太阳半径。它们都各有优缺点，并且有些方法也过于复杂了，并没有被多数人采用。

事实上，当我们知道日地距离以后，利用地面望远镜精确测出太阳圆盘直径的张角——视角的大小（α），利用简单的三角关系，就可以得到太阳的直径，测量原理见图 10。

现在人们用望远镜精确测出，太阳半径的视角为 959.63 角秒，这也是国际天文学联合会（IAU）公布的标准太阳半径视角值。利用上述方法，我们很容易计算出太阳的直径为 139.26 万千米，大约为地球直径的 109 倍。同样，我们不难计算出，太阳的体积是地球的 130 万倍。如

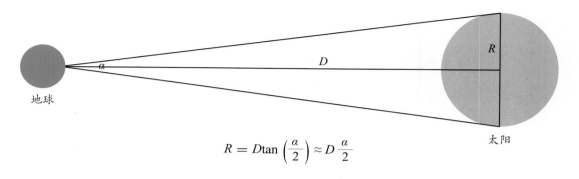

$$R = D\tan\left(\frac{\alpha}{2}\right) \approx D\frac{\alpha}{2}$$

图 10　测定太阳直径的原理

果我们把太阳比喻为一个苹果，那么太阳系最大的行星——木星大约只有一粒豌豆那么大，地球几乎不到一粒芝麻那么大！而金星、水星、火星等太阳系的类地行星则简直就小得看不见了！

是不是有关太阳的大小已经确定了呢？事实上，精确测量太阳的视角是非常困难的。因为太阳不像我们的地球那样有一个固体表面，我们在可见光波段所看见的太阳表面其实是由温度大约为 5700 摄氏度、部分电离的气体组成的光球层，它与位于其上的色球层之间并没有一个明显的界线，而是渐变模糊的。而且，更重要的是，太阳表面看起来就像一锅不断沸腾翻滚的粥，起伏不平，随着太阳活动的发生，这种起伏有时还会非常剧烈，这些现象都会严重影响到我们对太阳直径的测量精度。我们通常只能通过多次高分辨率的重复测量，再利用数据处理给出它们的平均值来表示太阳的大小，必然存在某种程度的不确定性。

另外，太阳是一个旋转的大火球，由于离心力的作用，在太阳赤道方向的直径大约比两极方向的直径大 2000 千米，相对于大约 140 万千米的太阳平均直径来说，相对差不到 0.2%。可见，太阳实际上是一个非常接近于完美的球体。不过，也有科学家致力于研究太阳半径的长期变化，发现太阳半径似乎存在一种周期大约为 76 年的振荡现象，其视角振幅大约为 0.8 角秒，大约相当于 600 千米。不过，由于精确测定太阳半径本身就非常困难，因此上述结果并没有被大家公认。而且，更重要的是，为什么会产生这种周期为 76 年的振荡，也是到目前为止人们还没有弄清楚的问题，有待将来的科学家们继续深入研究。

图 11　太阳和地球等行星大小的对比示意图

021

如何知道太阳的总质量有多少?

前面我们已经说过,太阳是我们这个太阳系中最大的大王,体积最大、质量最多、引力最强、辐射的能量也最多。那么,我们怎么知道太阳到底有多重呢? 也就是说,如何确定太阳的质量有多少呢?

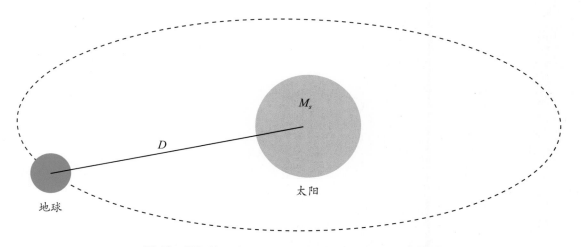

图12　根据地球或行星运动的轨道参数可以计算太阳质量

我们知道,利用牛顿万有引力定律,根据人造地球卫星的轨道参数和绕地球运转的周期,可以计算地球的总质量,大约为 6.0×10^{24} 千克。与此类似,根据绕太阳做公转运动的地球或行星的公转周期和到太阳的距离,也可以算出太阳的总质量,计算公式为:$M_s = \dfrac{4\pi^2 D^3}{GT^2}$。在这里,$G$ 为著名的万有引力常数;D 为从太阳中心到地球或行星的距离。对于地球来说,这个距离大约为 1.496×10^{11} 米。T 为太阳或行星绕太阳公转的周期,对于我们地球来说就是一年,即大约为

3.15×10^7 秒。将这些参数带入上述公式中，可得到当前太阳的总质量为 1.989×10^{30} 千克，大约相当于地球质量的 33 万倍！

利用太阳系其他行星的轨道参数，如金星、木星或天王星等计算，所得到的太阳质量和上面我们用地球的轨道参数得到的结果是完全一致的。

在宇宙中的所有天体中，太阳的质量既不算很小，也不算很大，太阳只能算一颗中等质量大小的普通恒星。因此，科学家们常常用太阳质量（M_s）作为天文质量单位去描述其他天体，这样做是非常方便的。例如，天空夜间最亮的恒星——天狼星 A 的质量是 $2.1M_s$，而天狼星 A 的伴星 B 是一颗白矮星，其质量与太阳大致相当，约为 $1.0M_s$。宇宙中还有许多红矮星（Red dwarf）和褐矮星（Brown dwarf）。其中，红矮星的质量为 $0.08 \sim 0.5M_s$，颜色发红，非常暗淡，内部的氢核聚变非常缓慢，晚期也不会产生红巨星爆发，而是随着氢核聚变的慢慢结束再慢慢冷却变暗，因而寿命非常长，几乎远大于整个宇宙的年龄，被喻为宇宙中的不老神仙。褐矮星的质量则在 $0.08M_s$ 以下，其核心由于温度过低无法点燃氢核聚变，来自引力收缩释放的势能可以使其表面温度在短时期内达到几百开到上千开左右，不过，其最大亮度也不到太阳的万分之一，随后慢慢冷却变暗。从望远镜里要找到褐矮星是非常困难的。人们估计，红矮星的数量大约超过银河系恒星级天体总数的 70%，褐矮星的数量则更多，不过，它们飘荡在宇宙中究竟是如何分布的，至今科学家们也还不知道。

有了太阳的总质量以及太阳的半径，我们不难计算出太阳表面附近的重力加速度，大约为 274 千克米 / 秒 ^{2}。我们知道地球表面的重力加速度大约为 9.8 千克米 / 秒 ^{2}，也就是说太阳表面的重力加速度大约为地球表面的 28 倍。一个在我们地球上重量为 50 千克的人，如果能够站在太阳表面，他的重量就会高达 1400 千克！

从后面的介绍中我们将知道，太阳的质量大小直接决定了太阳的亮度和寿命。太阳的质量越大，虽然这时可燃烧的聚变燃料更多，但中心温度就更高，从而导致核聚变反应更剧烈，聚变燃料消耗迅速，从而导致太阳的寿命就更短。科学家们通过计算发现，太阳在主序星阶段经历了大约 50 亿年，其寿命总共大约为 100 亿年，也就是说太阳还将在主序星阶段再生存 50 亿年左右。

但是，如果太阳的质量增加一倍的话，则其寿命将减为 60 亿年；反之，如果太阳质量比现在减小一半，就成了一颗红矮星（Red dwarf），其寿命将达到 500 亿年左右，比我们目前观测到的整个宇宙的年龄还要长很多！

太阳的能量是从哪儿来的?

每当太阳从东方升起，我们便能感受到太阳的温暖和光明。太阳每时每刻都在向我们地球投射出耀眼的光芒。

科学家们利用人造卫星上携带的科学仪器对太阳辐射的能量进行了精确的测量，发现在我们地球轨道附近、垂直于太阳光线的平面上，每平方米面积上接收到的太阳辐射能量（S）大约为1367瓦。这个数值非常稳定，在大约100年的时间里，其变化幅度也不超过0.3%，我们通常将其称为太阳常数。我们不难计算出，地球上所接收到的太阳能总和大约为1.74×10^{17}瓦，这个数字几乎是2015年全世界所有发电机总装机容量（大约5.9×10^{12}瓦）的3万倍！如果我们假定太阳向各个方向的辐射强度是一样的，那么，很容易地就能计算出太阳辐射的总功率：

$$L = 4\pi \times (AU)^2 \times S = 3.85 \times 10^{26} \text{ 瓦}$$

上述辐射总功率 L 称为太阳光度。我们知道，一颗百万吨TNT当量的氢弹爆炸所释放的能量大约为3.5×10^{14}焦耳。也就是说，太阳每秒钟辐射出来的能量大约相当于一万亿颗百万吨当量的氢弹同时爆炸所释放的能量总和。如果我们再换算到太阳表面每平方米面积上所释放出来的功率，则大约为6.38万千瓦，相当于一座中型发电站的发电能力。

太阳上如此巨大的能量是从哪儿来的呢?

为了解释太阳上巨大的辐射能量的来源，历史上人们曾经提出过各种各样的假说，其中包括碰撞产能、化学产能、放射性产能和收缩产能等。然而具体计算表明，这些产能机制都无法让太阳在数十亿年里稳定地以我们观测到的太阳辐射功率向外辐射能量。其中潜力最大的收缩产能机制也只能维持大约3000万年时间，最多只能在太阳演化的初期起作用。

随着轻核聚变反应的发现，人们逐渐意识到，太阳和恒星辐射的能量应该是来源于氢原子核在太阳内部通过聚变反应生成氦原子核，并释放出巨大的核聚变能。原始太阳星云在引力收缩下，其中心区域温度逐渐升高，最后达到 700 万开以上时，开始有少量的氢原子核发生聚变反应释放能量。反应过程如图 13 所示，每 4 个氢原子核（H）通过聚变反应可以生成一个氦原子核（He），释放出 2 个正电子、2 个电子型中微子和 2 个 γ 光子，同时还释放出 26.232MeV 的能量，约相当于 4.3×10^{-12} 焦耳。整个反应可以用下列方程表示：

$$4^{1}_{1}\text{H} \rightarrow {}^{4}_{2}\text{He} + 2^{0}_{1}e + 2^{0}_{0}v_e + 2\gamma + 26.232 \text{ MeV}$$

详细的反应过程见图 13：

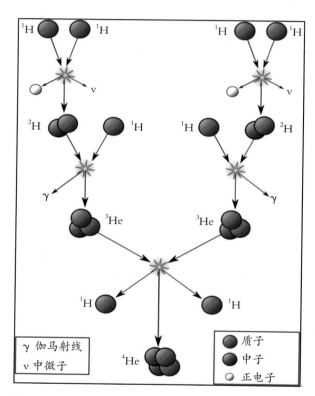

图 13 太阳核心区发生的氢核聚变的反应过程，这里红色球表示氢原子核，也就是质子；灰色球表示中子；略小的白色球便是正电子

根据此反应过程计算，每千克氢含有大约 6×10^{26} 个氢原子核（$^{1}_{1}\text{H}$），通过聚变反应将释放出 2.5×10^{15} 焦耳的能量，大约相当于 76000 吨无烟煤完全燃烧所释放的总能量。

科学家对太阳的观测和研究发现，在太阳的化学组成中，按质量计算，氢占 78.8%，氦占 20%。根据太阳光度 L 可以算出，太阳上每秒钟有 1.5 亿吨氢通过核聚变反应变成了氦。照此速度计算，如果太阳上所有的氢全部燃烧，大约需要 3000 亿年时间，远远超过整个宇宙的年龄。当然，实际上，太阳在其一生中只有 10% ~ 15% 的氢能够参与核聚变反应。

根据爱因斯坦的质能方程，我们知道太阳在辐射出巨大能量的同时，其质量也一定在减少，减少的速度大约为每秒钟 426 万吨。相对于太阳 1.989×10^{27} 吨的总质量来说，上述质量亏损几乎是微不足道的。在百万年的时间尺度里都可以认为太阳的质量近似为一个常数。

产生上述核聚变反应，最重要的条件是要同时具备足够高的温度和密度。科学家们通过计算研究发现，只有当太阳内部的温度达到 700 万开以上时，才能开始有可观数量的氢原子核参加聚变反应，释放出的能量才足够抵消各种损失，并让太阳变成一颗可以看得见的天体。目前的太阳中心区域称为日核，它的半径大约为四分之一个太阳半径。日核体积虽然所占比例并不大，但是因为密度比外层高很多，太阳的大部分质量都集中在这里，温度高达 1500 万开左右，氢原子核可通过缓慢而持续的核聚变反应源源不断地释放能量，日核也叫作太阳的核反应区。

事实上，只有在太阳的日核区里的氢才能通过核聚变反应生成氦，并释放出能量。在日核区以外区域里，由于温度过低，氢原子核无法发生聚变反应。在太阳的整个一生中，总共只有 10% ~ 15% 的氢通过聚变反应变成氦，其他 80% 以上的氢原子核并没有机会参加核聚变反应。

木星为什么不算恒星？

我们知道，在太阳系 8 大行星中，木星的质量是其他 7 大行星质量总和的 2.5 倍，是地球质量的 317 倍。而且主要由氢和氦组成，与太阳等恒星相似。木星周围还有数十颗卫星绕转，最大的卫星——木卫三几乎比水星还大，几乎就是一个缩小版本的"太阳系"。这么大的天体，为什么就不算恒星呢？

事实上，相对于普通行星来说，木星确实是个大块头。但是相对于恒星来说，木星就太小了，其质量大约只有太阳的 0.1%，也就是 $0.001M_s$。这么小的质量限定了木星内部的温度。科学家们通过一系列的理论计算表明，木星中心的温度大约为 3 万开，比地球中心的温度高 5 ~ 6 倍，但只有太阳中心温度的五百分之一，密度也远小于太阳中心区域。在温度和密度都如此低的情况下，发生氢核聚变反应的概率非常低，几乎可以忽略。所以，木星就不可能像恒星那样自主发光。天文学家们通过计算发现，只有当一个天体的质量达到 80 倍木星质量（$0.08M_s$）以上时，才能使中心区域达到 700 万开以上的聚变临界温度，触发氢核聚变反应，从而变成一颗能够自持发光的恒星。

太阳有多热？

既然太阳每时每刻都在不断地释放出巨大的能量，那太阳一定是一个炽热的大火球了。那么，太阳到底有多热呢？

如果我们把太阳辐射看成一个黑体的热辐射，利用下列原理就可能直接测量太阳表面的温度。1879年，斯提藩（J. Stefan）通过大量实验研究发现，黑体表面单位面积上的辐射功率与黑体温度的4次方成正比，与其他物理参量无关，也正因为如此，人们将黑体的辐射称为热辐射。1884年，玻尔兹曼（L. Boltzmann）从理论上进一步证明了这个结果。通常称这个规律为斯提藩—玻尔兹曼定律（Stefan-Boltzmann Law）。可以表示为：

$$P = \sigma T^4$$

这里，P 为单位面积上热辐射功率，T 为温度，σ 称为斯提藩常数。

前面我们已经算出，太阳表面每平方米面积上所释放出来的功率大约为6.38万千瓦。利用斯提藩—玻尔兹曼定律（Stefan-Boltzmann Law）很容易计算出，太阳表面的平均热力学温度约为5770开。另外，利用太阳辐射的能谱分布曲线的峰值波长和热辐射的另一个定律——维恩（Wien）位移定律也可以算出一个关于太阳表面的温度，为5857开。这两个温度的差别仅为1.5%。也就是说，太阳表面的温度大约为5800开。

我们知道，地球上水的沸点是100℃，即热力学温度373开左右；铁的熔点为1535℃；熔点最高的金属是钨，为3410℃。2015年，美国布朗大学的科学家合成了一种超高熔点的合金物质，其熔点达到4126℃，即绝对温度4399开，是用铪、钽和碳等元素创造出来的一种合金材料。然而，即使是这些在地球上最难熔化的材料，在太阳表面也都将是不堪一击的，瞬间便会被熔化且灰飞烟灭！

那么，太阳表面是不是最热的地方呢？不是！科学家们利用光谱分析手段观测发现，太阳光球表面以上的色球和日冕都比太阳光球要热得多。例如，在太阳色球顶部的温度为几万开；日冕的温度则高达几百万开以上；在太阳耀斑爆发的时候，耀斑中心区域的温度甚至可达到千万开以上，远比太阳表面热得多。

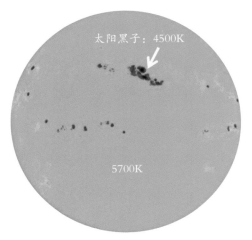

在太阳的内部呢？因为我们无法直接观测太阳内部，所以只好利用对太阳表面的观测结果，这些观测结果包括太阳的半径 R、总质量 M、物质构成、太阳光度 L，再根据物理理论建立太阳标准模型，利用数值计算即可以推断太阳内部的情况。科学家们进行了大量繁复的计算之后发现，太阳中心的温度大约为1560万开，这里的密度大约为148克/立方厘米（大约为地球上水的密度的148倍，是铁的密度的19倍）。正因为太阳中心有如此高的温度和密度，这里才能稳定持续地产生氢核聚变为氦的反应并释放出巨大的能量来。从太阳中心向外，温度和密度都逐渐降低，例如，

图14 太阳表面的温度和地球上最难熔材料的对比

在距离太阳中心大约0.25倍太阳半径的地方，温度降低到700万开左右，密度也降为20克/立方厘米左右，这时已经不再有显著的核聚变反应发生了；在距离中心0.6倍太阳半径的地方，温度降为300万开，密度则和水差不多。在太阳光球表面以下10万千米的地方，温度大约为50万开，密度则大约只有水的3%了。

正因为太阳有这么高的温度，才保证了它能为我们的地球带来温暖和光明。

为什么核聚变反应没有引起太阳爆炸？

家一定听说过氢弹爆炸的威力吧？氢弹爆炸时，在几秒钟时间里能将周围方圆上千甚至上万平方千米内的所有生命如摧枯拉朽般地毁灭殆尽。我们前面在介绍太阳内部的能量来源时说，太阳内部的能量来源于太阳中心区域发生的氢核聚变反应。那么，为什么氢弹能在瞬间发生猛烈的爆炸而摧毁周围的一切，太阳中心的氢核聚变反应却能在几十亿年时间里长期、稳定、持续地进行，而没有引起太阳的毁灭性的猛烈爆炸呢？

要解释这个问题，首先必须从什么是核聚变反应说起。

核聚变是指质量较小的原子核通过碰撞而聚合在一起形成质量较大的核，损失一部分质量而释放出能量的过程。要使两个原子核发生聚变反应，必须让这两个核靠近到核力能够作用的距离内。因为核力是一种强相互作用力，与静电相互作用力不同，它们只有吸引力，而且仅发生在当两个粒子靠得非常近的距离内，这个距离通常小于 10^{-15} 米。由于原子核都是带正电的粒子，它们之间同时还存在静电排斥力的作用，而且靠得越近互相排斥力也越大，这个排斥力还与原子核的电荷量成正比。只有当原子核具有足够高的动能时，它们之间的相互碰撞才能克服静电排斥力，从而接近到核力作用范围内，产生核聚变反应。在由轻核构成的等离子体中，温度越高，原子核的平均动能越大，才能有越多的原子核通过碰撞产生聚变反应，因此，核聚变反应通常也称为热核聚变。

氢弹是通过先引爆原子弹将氢的同位素氘和氚这两种轻核材料加热到大约 3 亿度以上的高温，并且使其密度在小于百分之一秒的短时间内压缩到水的密度的几百倍以上，从而使大部分氘和氚的原子核在非常短的时间里迅速发生碰撞而产生核聚变反应，引起剧烈爆炸。所以，氢弹爆炸是猛烈的，可以摧毁爆芯周围的一切。

但是，太阳上温度最高的地方是日核区，其温度也只有 1500 万开左右，几乎只有氢弹爆炸中心温度的二十分之一。在这里，所有的原子都被电离成高温等离子体，其动能分布服从热力学平衡，其中，只有很少一部分氢原子核的动能能够达到通过与其他氢核发生碰撞产生核聚变反应。科学家们通过反复计算发现，在太阳的日核区，在一秒钟内，平均每千亿亿（10^{19}）个氢原子核中只有一个核能与其他核发生碰撞！占绝大多数的其他氢原子核并没有机会发生碰撞参加聚变反应。比例如此之小的核聚变反应保证了太阳内部的核聚变过程和能量释放过程是平稳而缓慢的。正是因为如此缓慢的核聚变反应，才保证了我们的太阳不会像氢弹那样发生猛烈的爆炸而摧毁我们的太阳系。像太阳这样靠巨大引力约束的等离子体中发生的缓慢而持续的核聚变反应称为引力约束核聚变（Gravitational confinement fusion）。

太阳拥有巨大的质量，在日核区的质量大约为 10^{27} 吨，每秒大约有 1.5 亿吨氢原子核通过核聚变反应生成氦，同时释放出我们观测到的太阳辐射能量。正是因为太阳有巨大的质量，其强大的引力作用将所有氢原子核都约束在半径大约为 70 万千米的球体内，而且长时间、持续、缓慢、稳定地发生核聚变反应，释放能量维持太阳的光芒。在日核区以外的地方，由于氢等离子体的温度和密度都大大降低，因此它们就基本上再也没有机会与其他氢核发生碰撞，也就不再有发生核聚变反应的可能了。

人们常常将科学家建造的受控核聚变装置，如托卡马克装置（Tokamak）称为"人造太阳"，这和天上的太阳又有什么区别呢？

太阳核聚变、受控核聚变和氢弹，从本质上说都是轻原子核通过聚变反应转化为重原子核，失去部分质量，从而释放出巨大的能量。但是，它们的具体反应过程是有本质区别的。

太阳及恒星核聚变是在恒星巨大引力约束下、温度在千万开以上、密度在每立方米 10^{27} 粒子（大约相当于 10^5 千克/立方米，即水的密度的 100 倍）以上，发生的缓慢而持续的核聚变反应过程，其发生的时间尺度通常是以亿年为单位的。

受控核聚变则是指在我们地面实验室或厂房里通过强磁场等方式将聚变高温燃料约束在一定

氢弹爆炸和太阳核聚变的对比

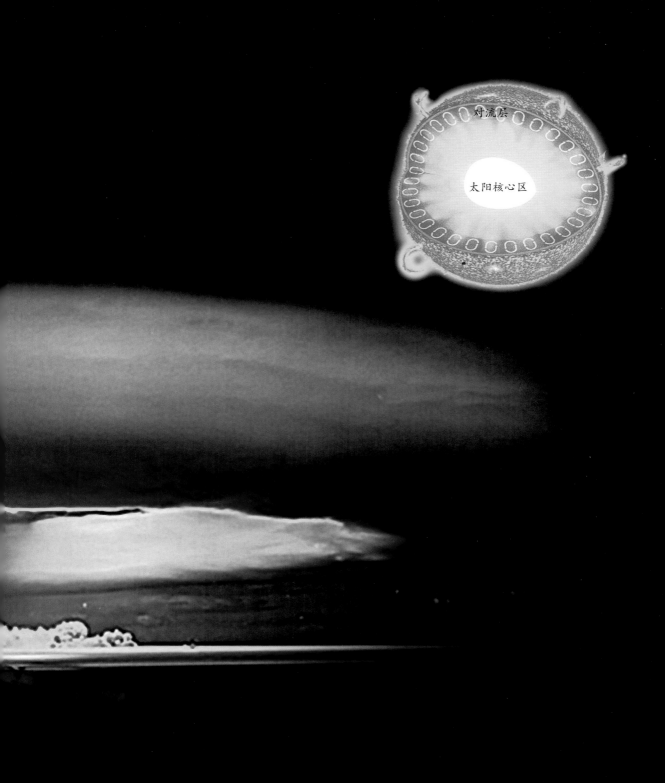

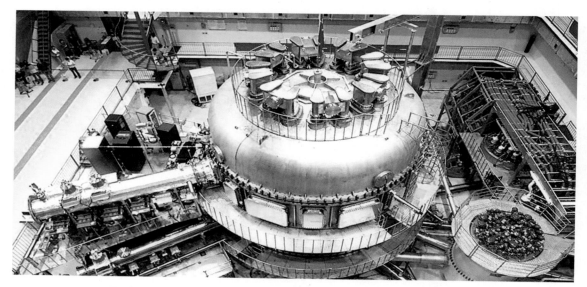

图 16　人造太阳——我国设计建造的全超导托卡马克 EAST 的外观图

空间上，以人工可控制的方式实现的缓慢而持续的核聚变，释放的能量可以用来发电。根据科学家们的计算，在用氘和氚做聚变燃料时，要实现受控核聚变的点火条件（能量得失相当），要求达到所谓的劳逊判据（Lawson criterion）。通常用聚变三乘积来表示劳逊判据：温度（T）以 10^8 开为单位（对应能量单位为 10keV），等离子体密度（n）以每立方米 10^{20} 个粒子为单位（大约相当于 5×10^{-7} 千克 / 立方米），约束时间（τ）以秒为单位，劳逊判据表示为：$nT\tau \geqslant 1$。在约束时间为 1 秒的情况下，对应的等离子体压强大约为 1.4 个标准大气压。但是，要想实现持续稳定地聚变并发电，则要求持续时间远大于 1 秒。目前，人们主要通过两类途径开展受控核聚变实验研究：磁约束受控核聚变和激光核聚变。迄今为止，国际上还没有任何国家实现受控核聚变发电。

至于氢弹，则是利用原子弹爆发释放的能量在瞬间迅速将氘、氚聚变燃料加热到高温高密状态，超过劳逊判据并迅速产生核聚变反应，猛烈释放出巨大能量的一种超级武器，威力远大于原子弹。这是一种不可控的核聚变反应方式。

太阳是由什么物质组成的?

在人类历史上，太阳一直都是被人顶礼膜拜的对象。中华民族的先民们把自己的祖先炎帝也尊为太阳神。而在古希腊神话中，太阳神是万神之王宙斯的儿子。

太阳，这个既令人生畏又受人崇敬的星球，它究竟是由什么物质组成的呢？

对于地球上的物体或矿物，我们可以直接采样送到化验室里，采用各种化学分析方法确定其物质的主要成分。太阳离我们这么远，上去采样是不可能的，我们怎么才能知道太阳是由什么物质组成的呢？

19世纪初，科学家们在研究太阳光谱时，发现在它的连续光谱背景中存在许多暗线和亮线。最初人们不知道这些暗线是怎么形成的，后来科学家们通过研究发现，亮线是特定原子发射的谱线，而暗线则是太阳内部发出的太阳辐射光在经过太阳大气层被不同元素的原子吸收而形成的。每种元素的原子都有属于自己的特征谱线。通过证认这些谱线并测量其强度，可以诊断在遥远的天体上的化学成分及其含量，这种方法称为光谱分析。我们既可以利用发射光谱的亮线，也可以利用吸收光谱的暗线进行光谱分析，这种方法的优点是非常灵敏迅速，某种元素在物质中的含量只要达到 10^{-10} 克，就可以从光谱中发现它的特征谱线，并把它检查出来。

自1814年科学家夫琅禾费（J. Fraunhofer）从太阳光谱中观测到576条吸收暗线以来，科学家们先后发表了超过三万条太阳辐射谱线。通过仔细分析这些谱线，把它跟各种原子的特征谱线对照，人们就知道了太阳上的物质组成。迄今，除了少数几种元素外，科学家们已经从太阳光谱中发现了地球上已知的90多种化学元素。其中，氢的含量最多，其次是氦，这两种元素的含量超过98%；其他不足2%的部分包含锂、铍、硼、碳、氮、氧、硫、硅、镁、铁等，甚至还包括诸如氧化钛等分子化合物。

值得注意的是，利用光谱分析方法我们只能得到太阳大气的化学成分，不可能直接测量到太阳内部的元素光谱。至于整个太阳中各元素的含量，需要结合上述太阳大气的观测结果，并利用太阳内部结构模型进行拟合来确定。由于氦的含量对太阳结构模型非常敏感，可以把氦的含量作为一个可调参数，使计算结果与观测得到的太阳总质量、光度和半径等边界条件进行最佳拟合。这样得到的结果是，氢在太阳总质量中所占的比例在 0.70 ~ 0.75 之间（X），氦的含量在 0.23 ~ 0.28 之间（Y），其他元

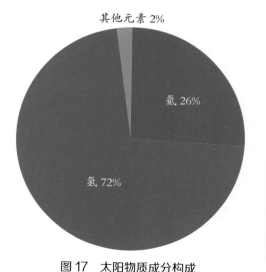

图 17　太阳物质成分构成

固体、液体、气体和等离子体

宇宙中的一切宏观物体都是由大量分子、原子或粒子在某种力作用下构成的聚集态。根据不同温度条件下聚集态的不同，物体可以分成四态。固体（Solid）：较低的温度下，在分子力作用下被束缚在各自的平衡位置附近做微小的振动，整体上各分子排列有序，聚集体具有一定的空间形态和体积，例如，在 0℃以下的冰。液体（Liquid）：随着温度升高，分子力作用不足以将分子束缚在固定的平衡位置附近，分子可以自由移动，但还不能分散远离，聚集体有一定的体积，但没有固定的形态，例如，在 0℃以上冰融化变成的水。气体（Gas）：温度进一步升高，分子无规则热运动加剧，分子力已经无法让分子之间保持一定的距离，而是变成完全自由的，整个聚集体既没有固定的形态也没有一定的体积，如水蒸气。等离子体（Plasma）：温度再继续升高，分子和原子获得足够大的动能，开始离解，原子中的电子获得足够动能，挣脱原子的束缚变成自由电子，失去电子的原子则变成带正电的自由离子，整个聚集体由带负电荷的电子、带正电荷的离子和中性粒子构成，既没有一定的形态，也没有一定的体积，其整体行为受电磁场支配。在地球上，因为温度低，绝大部分物质为固体，少量为液体，微量呈气体，等离子体仅仅出现在实验室、闪电、电离层中。但是在宇宙中，等离子体则是最普遍的一种物质形态，例如在太阳系中，等离子体所占比例超过了 99%。

素的含量为 0.02（Z），这里：$X+Y+Z=1$。

另外还需注意的是，在太阳大气的不同圈层，如光球、色球、日冕和不同区域，如太阳宁静区、活动区、耀斑区等的化学组成也略有差别，具有较大的不确定性。而且，随着时间的推移，太阳的化学组成也是变化的，因为随着太阳中心的氢核聚变反应的进行，氢的数量将逐渐减少，氦的数量将逐渐增加。当然，在主序星阶段，这个变化过程是漫长而又非常缓慢的。

太阳表面的温度高达 5000 开以上，太阳大气的温度则更高，日冕中可达百万开以上，太阳内部的温度也是往深处逐渐增加的。在这么高的温度条件下，除了在太阳表面附近的局部区域外，绝大部分太阳物质都是完全电离的，由带电的离子和电子组成，为等离子体（Plasma），也被称为除固体、液体和气体之外的第四态。

太阳上有暗物质吗？

20 世纪 30 年代，荷兰天体物理学家奥尔特发现，为了解释银河系恒星的运动，根据引力理论，必须假定在太阳附近还存在大量看不见的暗物质。差不多同年代，1930 年年初，瑞士天文学家茨维基从室女星系团各星系运动的观测研究中也发现，在该星系团中，看得见的天体的质量只占总质量的三百分之一，而其他质量都是看不见的。数十年来，天文学家们通过反复观测研究，证实了暗物质的存在，指出整个宇宙中看得见的物质大约只占 4.9%，而暗物质占 26.8%，其余 68.3% 的部分则可能是由暗能量构成的。可见，宇宙中暗物质的数量大约为可见物质的 5 倍以上。然而，到目前为止，科学家们对暗物质究竟是什么还一无所知。对暗物质的本质的研究成为当今世界最大的科学之谜。几乎全世界所有的物理学家和天文学家都相信，解开暗物质的本质之谜，将成为继哥白尼日心说、牛顿万有引力定律、爱因斯坦的相对论和量子力学之后，人类认识自然规律的又一次重大飞跃。

我们首先要问，如果宇宙中真的存在暗物质，那么，我们的太阳系存在暗物质吗？如果我们在太阳和太阳系的观测和研究中始终找不到有关暗物质的蛛丝马迹，那么凭什么让我们相信宇宙中就一定存在暗物质呢？毕竟，太阳是我们周围最大的天体。如果太阳系中存在暗物质，它们是否会对太阳系天体的轨道运动产生可观测的影响呢？

根据引力定律我们可以得到在一个旋转星系中，

图 18　银河系和暗物质晕

一个恒星绕星系中心旋转的速度 v 与到星系中心的距离 r 和其轨道内的总质量 M 的关系为：

$$v = \sqrt{\frac{GM(r)}{r}} \quad (1)$$

上式中 G 为万有引力常数。天文观测表明，当远离星系中心时，上述速度趋近于一个常数。如果我们假定所有可见物质与暗物质在空间上呈球状分布的话，那么其平均密度必然满足下列关系：

$$\rho(r) = \frac{A}{r^2} \quad (2)$$

这里 A 为一个常数。由这个关系可得到在半径 r 以内的所有物质的总量为：

$$M(r) = 4\pi Ar \quad (3)$$

将（3）式带入（1）式，可得到未知常数：$A = \frac{v^2}{4\pi G}$。于是得到半径为 r 的轨道内物质总量为：$M(r) = \frac{v^2}{G}r$。

在银河系中，太阳绕银河中心转动的速度大约 240 千米 / 秒。不难算出，A=8.6×10^{19} 千克 / 米，在太阳轨道以内的总质量大约为 4×10^{42} 千克，比银河系所有可见天体的质量和多 10 ~ 20 倍。扣除可见物质的平均密度，太阳附近暗物质的平均密度大约为 10^{-21} 千克 / 立方米。

那么太阳内部有多少暗物质呢？已知太阳半径大约为 70 万千米，假定暗物质近似均匀分布，则可算出太阳内部的暗物质总量大约为 1400 吨。相对于整个太阳 1.989×10^{27} 吨的总质量来说，这部分质量小到微乎其微。

整个太阳系空间有多少暗物质呢？假定太阳系的最大空间半径为 100AU。按球形计算，则整个太阳系空间的暗物质总量大约为 1.5×10^{19} 千克，几乎只有地球的 50 万分之一，与一个半径为几十千米左右的小行星质量相当。

在太阳内部和太阳系，如此少的暗物质对太阳系天体运动轨道的影响也几乎小到无法测量。所以，我们说虽然在整个银河系里看不见的暗物质的数量可能非常大，但是在我们地球内部、太阳内部或者整个太阳系空间范围内，暗物质的数量即使有，也是非常少的，根本就不可能对太阳系的任何天体的轨道运动产生任何可观测的影响。上述计算表明，希望通过研究太阳系天体的轨道异常去寻找暗物质这条路几乎是行不通的。

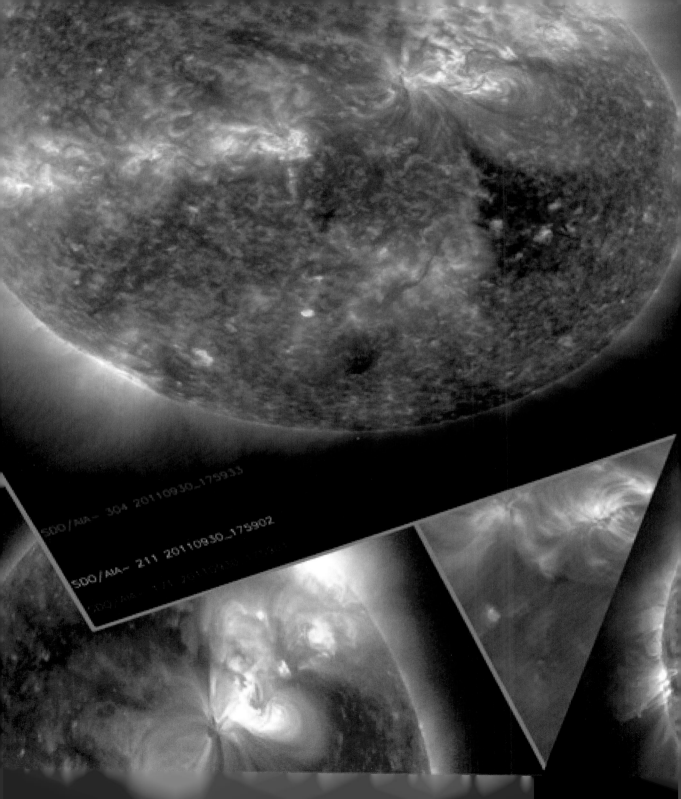

SDO/AIA 304 20110930_175933

SDO/AIA 211 20110930_175902

第二章

如何观测太阳？

TAIYANGZHIMEI

为什么从早到晚太阳的颜色不一样？

在旭日东升之时，当我们看向太阳时，太阳通常是火红的；而在正午前后，当观看太阳时，发现太阳是耀眼的白色，同时还透着金黄色的光芒；可是到了傍晚，太阳通常又变成了红色。天空中有云，或者是有雾霾的时候，当我们观察太阳时，则发现太阳呈现一种苍白色。如果问在太空飞船上的宇航员们，他们则会坚定地告诉我们，太阳就像雪一样白。

那么，太阳到底是什么颜色的呢？

前面我们已经讨论过了，太阳表面的温度大约为5800开。如果把太阳表面的辐射近似看成一个黑体辐射，那么太阳将发射出电磁波谱中几乎所有波段的辐射，包括可见光、红外光、紫外光以及X射线、γ射线甚至射电波等。其中，太阳辐射的主要功率集中在近红外和可见光中的红、橙、黄、绿、青、蓝、紫等波段，其中辐射的峰值波长出现在4950埃左右，即绿光附近。因为是各种成分光的混合光，所以应该就是白光。

按理说，太阳辐射的峰值波长在绿光附近，我们在地面上观测看到的太阳应该是白色中偏绿吧。可是，为什么我们实际观测到的却是白

人眼中的光强和色彩

人眼具有两种不同的感应器：视杆细胞和视锥细胞。其中，视杆细胞对亮度比较敏感，但对色彩不敏感，只能呈现黑白图像，明亮的为白色，暗淡的为灰色，更暗的便是黑色了；视锥细胞则对光强不敏感，但是对色彩敏感，能呈现彩色视觉，让我们能看到五彩缤纷的世界。当亮度不够强时，视锥细胞无法激发，这时视觉就以视杆细胞为主，这就是为什么我们晚上看月光总是银白色的。随着亮度增加，视锥细胞开始激发，我们便可以识别出不同的色彩了。

图 19　早晨的太阳（左）和正午的太阳（右）看起来颜色不一样

色中带着金黄呢?

　　这要从地球大气层的散射效应说起。从遥远的太阳传来的太阳光进入地球大气层时，会被比光的波长小的颗粒散射，散射强度与入射光波长的 4 次方成反比。也就是说波长越短，散射越强。由于青、蓝、紫等波长短的光都被散射到天空中去了，因此，通常晴朗的天空都是蔚蓝色的，剩下的红、橙、黄、绿光混合而成的光便成为金黄色的了。也正因为此，天文学家将太阳归类为黄矮星，光谱学分类为 G2V，这里 G 表示太阳是一颗 G 型星。G 型星根据亮度大小分为 10 个小的等级，太阳是 G 型星中的第二级。V 则表示太阳的亮度是有变化的。

　　如果在清晨或傍晚观看太阳，此时的太阳光在地平线附近，穿过地球大气层的路程长，散射效应比中午更强。此时，不仅绿、青、蓝、紫光被散射了，连一部分黄光也被散射掉了，剩下的主要是红光。所以我们看见的太阳是红色的。如果在正午观看太阳，我们看到的太阳光基本上都是直射光，散射效应相对较弱，太阳光的各种成分都能被我们接收到，它们混合在一起，就构成了白色。当天空中有云或雾霾的时候，由于云中的水滴和雾霾中的颗粒直径更大，这时太阳光中几乎所有波段的光都显著散射了，整个光强都减弱了，因此太阳看起来便是苍白色的了。

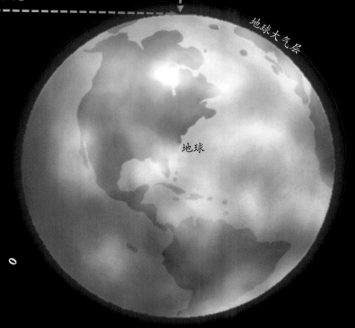

正午的太阳光

早上或傍晚的太阳光

地球大气层

地球

图 20 清晨和正午的太阳光经历不同的散射路径

如何观测太阳？

大家一定都有过这样的经历，不能直视太阳。因为太阳实在是太亮了，即使只有零点几秒的直视，也足以让你的眼睛难受，甚至烧伤！400多年前的著名科学家伽利略就因为并不完全了解这一点，经常使用烟熏镜片做望远镜去观测太阳，从而导致他晚年失明。

因此，观测者为了保护眼睛，在观测太阳之前，必须进行减光。我们知道，人眼所能观测的最大光源亮度大约为3000尼特。尼特是亮度单位，指在每平方米面积上接收到的光辐射功率为1/683瓦特。太阳的辐射常数是大约每平方米1366瓦特，大约相当于93.3万尼特，是人眼所能承受的最大亮度的310倍。虽然地球大气层会减弱部分太阳光，但是，观测太阳时，至少也要将太阳光的强度减弱300倍以上。为了安全考虑，最好将太阳光强减弱500倍以上进行观测。

上述事实表明，即使在日食期间观看太阳也需要十分小心。只有在日全食的极短时间内才可以用肉眼去观看太阳。在日偏食、日环食期间，哪怕太阳表面被遮掩了99%，剩下1%的新月形光球层的辐射亮度也足以严重灼伤我们的眼睛。

对于科普爱好者来说，最简单的安全观测方法是投影法，即把太阳的影像投射至一块白色纸板上。比如，用两块硬纸板做一个投影器，在其中一块硬纸板上钻一个小孔，并在另一块硬纸板上贴上一张白纸。调整两块板的位置和角度，将有孔的一块放在前面对准太阳，让太阳光通过小孔投射在白纸上，形成清晰的像。改变两块板的相对位置可以改变像的大小。利用这种方法可以大致获得太阳表面的主要特征，光球上面的黑子、光斑和米粒组织等都可以见到。一般让白板上形成的太阳投影像直径在10厘米左右。如果像太小，则小黑子不容易区分，甚至会将偶极黑子看成单独的黑子；如果投影像过大，则日面像迅速减暗，黑子和其他结构反而模糊不清了。

另外，我们还可以用加装适当的太阳滤光镜来观察太阳。太阳滤光镜一般都是在玻璃或塑料薄膜上镀上一层金属膜来达到减光的目的。这些滤光镜都能够将可见光、红外线与紫外光减少99.999%。把这类滤光镜装在望远镜前，或透过它用肉眼直接观察太阳。烧焊工人使用的14号镜片，也可以用来安全地观看太阳。

对于太阳物理学家来说，太阳巨大的亮度和在天空中拥有32角分的圆面，使得我们可以对太阳进行远比其他任何天体都更为详尽的观测和研究，所获得的关于太阳内外部结构和物理过程的知识也远比其他任何天体都要丰富得多。太阳物理学家们研究设计了各式各样的专门的太阳望远镜对太阳的不同层次、不同区域、不同物理过程分别进行详细研究，从而使我们获得了大量关于太阳这颗恒星的知识。我们将在后面的章节里详细介绍各种类型的太阳望远镜。

太阳望远镜有哪些?

太阳望远镜是用来专门观测太阳的设备。由于在许多波段太阳都是天空中亮度最大、视角也最大的天体,因此与观测其他遥远宇宙源的望远镜不同,太阳望远镜常常需要设置性能各异的减光装置。

太阳发射的信号包括电磁波辐射、高能粒子流、等离子体流(太阳风)和中微子流等。其中,不同的信号往往来自太阳的不同层次,例如,中微子信号来自太阳核心区;可见光则来自太阳光球表面附近;极紫外光、X 射线和射电波段则来自太阳大气;高能粒子流和等离子体流则主要来自太阳大气中的各种爆发过程等。因此,观测太阳的望远镜也是多种多样的,探测原理也是迥然而异的。

总体上,我们可以将太阳望远镜分为地面望远镜和空间望远镜两大类。

地面望远镜:包括主要观测可见光和近红外波段太阳辐射的光学望远镜、观测太阳射电波发射的射电望远镜,以及需要深埋地下的中微子望远镜。地面望远镜的优点是便于维护、运行方便、建造成本相对较低,可以建设大型和巨型装置。缺点是容易受地球大气层和气候变化的限制。

空间望远镜:在许多波段,如紫外线、远红外、X 射线、γ 射线以及频率小于 20MHz 左右的甚低频射电波段,由于地球大气层的吸收而无法到达地面。这时,只能将探测器发射到地球大气层以外的空间去观测,称为空间望远镜。同时,由于空间观测不但可以避免地球大气的吸收,同时还可以避免因为地球大气湍动产生的太阳辐射波前的畸变,可以大大提高太阳观测的空间分辨率。因此,在许多空间太阳望远镜上也都搭载了太阳光学探测器。例如,美国太阳动力学天文台(SDO)就搭载了太阳磁场望远镜 HMI 等。

其实，即使是太阳光学望远镜也包含一大类，其中包括专门探测磁场的太阳磁场望远镜、专门探测太阳色球层的色球望远镜、探测太阳表面运动状态的速度场望远镜、探测辐射光谱的太阳光谱仪以及专门观测日冕大气的日冕仪等。太阳射电望远镜也可分为单频太阳射电流量计、宽带太阳射电频谱仪和射电日像仪等几类，其中单频太阳射电流量计只能在单一频率或少数几个频率通道上对太阳中辐射流量进行探测，得到的只是流量曲线，没有空间分辨率和频率分辨能力，可用于监测太阳长期活动的动态特征；宽带太阳射电频谱仪则是同时在几十甚至几百个频率通道上对太阳总辐射流量进行检测，虽然也没有空间分辨率，但是可以拥有较高的时间和频率分辨率，可以用于探测太阳爆发的动态频谱特征；射电日像仪通常由许多射电天线组成的大型阵列，可以对太阳大气进行具有一定空间分辨率的成像观测，获得太阳大气的图像，例如位于我国内蒙古正镶白旗的明安图射电频谱日像仪 MUSER。

不同种类的太阳望远镜能够探测不同的太阳发射信号，多种望远镜结合在一起就可以提供有关太阳的全面知识。

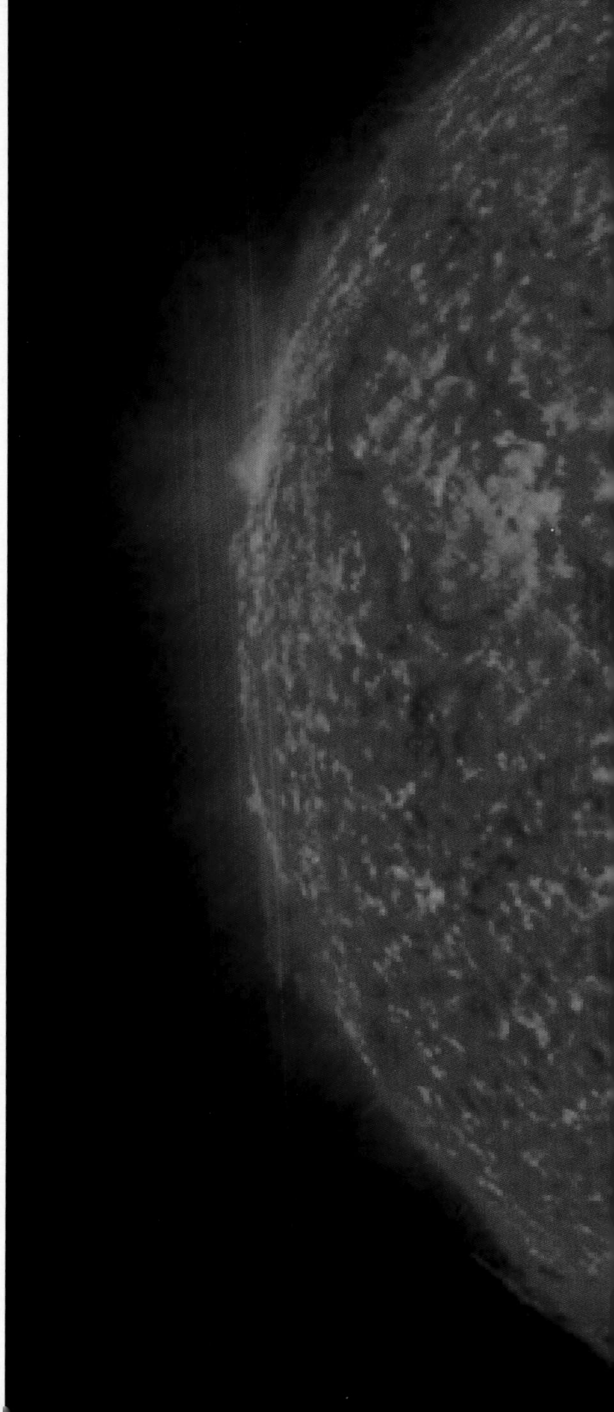

图 21　不同波段观测太阳的图像对比

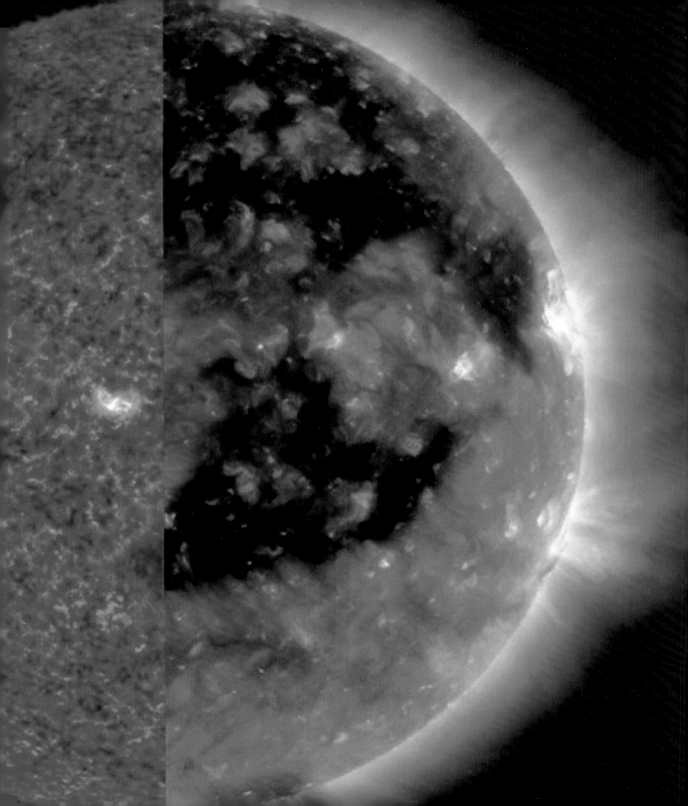

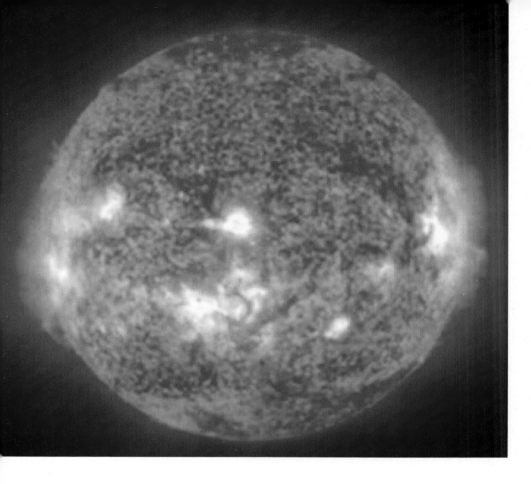

空间太阳望远镜

太阳光学望远镜

太阳中微子望远镜

太阳射电望远镜

图 22　太阳望远镜的主要类型

为什么太阳光学望远镜总是建在湖边？

我们知道，中国科学院国家天文台的多通道太阳磁场望远镜位于怀柔水库边上，云南天文台一米红外太阳望远镜 NVST 位于云南省风景秀丽的抚仙湖边上，美国著名的太阳望远镜 BBSO 和世界迄今最大口径的太阳光学望远镜 NST 也都位于美国新泽西州的大熊湖边上……为什么这些太阳望远镜都要建设在湖边呢？

我们知道，地球大气是从地面观测太阳的主要障碍，其中最令人头疼的问题便是地球大气湍流对太阳光波前的干扰，从而造成望远镜焦平面上太阳像的模糊和畸变，从而降低观测的空间分辨率。原本只是一个点的源，由于地球大气湍流，在望远镜里看到的像变成了一个有一定大小的圆。通常把大气湍流造成的望远镜焦平面上太阳像的模糊和畸变程度称为视宁度，一般用一个点源在望远镜里观测被展宽之后有多大来表示。比如，视宁度为 1 角秒就表示一个点源在望远镜里看为一个 1 角秒大小的面源。数值越小表示展宽越小，视宁度就越好。视宁度的大小主要取决于观测地上空大气湍流的剧烈程度。

地球大气湍流的根源还是太阳辐射本身。由于空气的黏滞系数小，雷诺数很大，太阳辐射照射地面产生的空气对流必然会产生湍流，导致太阳光路上的温度起伏，从而引起大气折射率的不规则变化，使太阳图像发生畸变和模糊。

要克服上述地球大气湍流的影响这一缺点，最好的办法当然是将望远镜发射到空间，到地球大气层以外的地方去观测太阳。不过，发射空间望远镜对技术要求很高，成本也非常大。而在地面建造望远镜，成本低，而且操作、维修等都非常方便，适合建造大型的望远镜系统。如果我们对太阳观测基地进行精心选址，也可以在地面上找到很好的地点安装望远镜并取得很好的观测结

图 23　中国科学院国家天文台怀柔太阳观测基地

果。其中，在靠近大水体的地方，比如湖泊或海边，由于周围水体的大热容量，可以大大减弱局地的空气对流，获得较好的视宁度。因此，世界上许多著名的太阳观测基地，比如中国科学院国家天文台怀柔太阳观测基地、美国大熊湖太阳天文台 BBSO 和 San Fernando 天文台、印度的 Udaipur 天文台、西班牙 Canary 群岛上的太阳观测台等都位于湖泊或海边。另外，有些高山地区，由于山风吹拂也可以扫走局地湍流，从而也可以明显改善视宁度。比如，美国 BBSO、夏威夷群岛和西班牙 Canary 群岛上的太阳观测台之所以能成为世界著名的太阳观测基地，则是因为这两个地方兼有高山和大水体的双重作用。

为什么射电日像仪要建在偏远的草原上？

我国最近建成了一个国际领先的太阳射电望远镜——明安图射电频谱日像仪 MUSER，位于内蒙古正镶白旗的大草原上，距离正镶白旗县城大约 30 千米，距离北京 460 千米。据说这里冬季非常冷，最低气温低达零下 35℃。为什么要把这个国际一流的太阳射电望远镜建在这么偏僻的地方呢？

前面我们已经介绍过，太阳射电望远镜可以分为单频太阳射电流量计、宽带太阳射电频谱仪和射电日像仪三种类型。其中，前两种类型通常都是用单一天线接收太阳信号，只能得到太阳全日面在射电波段的辐射特征，没有空间分辨能力；而射电日像仪则可以得到太阳在射电波段的图像，具有一定的空间分辨能力。我们知道，一个望远镜成像的空间分辨能力是与望远镜的口径成正比，并与观测的电磁波的波长成反比的。由于射电波段的波长常常是在几厘米到几米的数量级上，要想让工作在 10 厘米波段的射电日像仪达到一个口径为 20 厘米的中型光学望远镜的分辨能力，则要求射电日像仪的口径达到 40 千米以上。很显然，要建造这么大口径的望远镜几乎是不可能的。那怎么办呢？

1952 年，英国科学家赖尔提出孔径综合的技术原理，即将若干架望远镜按一定规律排列成一个望远镜阵列，对同一天区进行观测，通过信号相干和数学处理，就能获得相当于一个望远镜的成像效果。望远镜阵列的最长基线长度代表整个望远镜的口径，决定其空间分辨率；各个望远镜的接收面积之和代表整个阵列的总接收面积，决定了望远镜的灵敏度。其中，最著名的是美国国家射电天文台的甚大阵（VLA），是当前最大的综合孔径射电望远镜，其最高分辨角可以达到 0.13 角秒，已经优于地面大型光学望远镜。

图 24　中国科学院国家天文台明安图射电频谱日像仪 MUSER

利用孔径综合原理，我们只需将一系列中小型望远镜组合起来就可以获得一架大型望远镜的观测效果。例如，MUSER 就是将 100 个直径为 2 米和 4.5 米的小望远镜按对数螺线分布在三条旋臂上，组成一个最大基线长度为 3 千米的螺旋阵列。整个阵列展布在面积超过 10 平方千米的草原上。很显然，这么大的一个阵列在山区或其他地方都是不方便建造的。

另外，射电望远镜运行还要求尽可能减少人为信号的干扰。因为，随着现代技术的发展，射电波段存在很多人工信号，如无线电广播、电视信号、卫星通信、手机发射信号、雷达导航信号等。在望远镜附近，即使是一个手机信号也远比太阳的射电信号强很多，足以对望远镜产生强烈的干扰甚至破坏。因此，在选择望远镜的建造地址时，需要尽可能远离城市和交通干线，内蒙古正镶白旗的偏僻草原就正好满足上述条件。

除了太阳射电日像仪外，其他需要成像观测的射电天文望远镜也基本都是采用类似的孔径综合原理，它们都需要建造在人烟稀少、无线电辐射干扰比较少的地方，如草原、沙漠等地。例如，甚大阵 VLA 就建设在美国西部的大沙漠里。目前在计划中的将由国际上 20 多个国家合作来建造的平方千米阵 SKA 初步决定的站点有两个，一个在南非北部地区，另一个则位于澳大利亚西部地区的沙漠中。

如何测量太阳磁场？

磁场是个非常奇妙的东西，它有一定的形状、能量，还有张力和压力。磁场和等离子体耦合在一起能决定等离子体的运动和形态，还能产生非常壮观的爆发，例如，太阳耀斑爆发等，世界上还有什么比磁场更复杂、更神秘的呢？

我们可以利用空心线圈、霍尔线圈、磁通仪等许多仪器来测量地面实验室中的磁场大小和方向。可是太阳离我们 1.5 亿千米之外，我们不可能将仪器发射到太阳表面附近去实地测量那里的磁场，那又是如何知道太阳上的磁场大小呢？

众所周知，太阳光是由连续谱和数以万计的谱线组成的。其中，连续谱辐射是由太阳表面近6000 开的等离子体热辐射产生的；而那些谱线则是各种原子和离子的吸收线或发射线。

1896 年，荷兰物理学家塞曼使用半径为 3.048 米的凹形罗兰光栅观察磁场中的钠火焰的光谱时，发现钠的一条谱线似乎出现了加宽现象。进一步的实验发现，这种加宽现象实际上是钠原子的谱线发生了分裂，即一条谱线分裂成了三条线，分裂后两条谱线的间距与磁场成正比。随后，塞曼的老师、荷兰物理学家洛伦兹教授从理论上对这种现象进行了解释。他认为，由于电子存在轨道磁矩，磁矩方向在空间的取向是量子化的，因此在磁场作用下能级发生分裂。塞曼和洛仑兹因为这一发现共同获得了 1902 年的诺贝尔物理学奖。塞曼效应证实了原子磁矩的空间量子化，为研究原子结构提供了重要途径，被认为是 19 世纪末 20 世纪初物理学最重要的发现之一。

如果太阳上存在磁场，太阳谱线也应当会产生塞曼分裂。因此，利用太阳谱线的塞曼分裂效应，我们可以测量太阳的磁场。1908 年，美国天文学家海尔等人在威尔逊山天文台利用这一原理，首次测量到了太阳黑子的磁场。

不过，利用谱线塞曼分裂的裂距测量磁场的方法，一般只能测量 500 高斯以上的强磁场，对于 500 高斯以下的弱磁场，则需要通过探测塞曼分裂后的谱线的偏振状态来测定，这是后来人们发明的光电磁像仪的目的。光电磁像仪的灵敏度很高，可以测量 0.5 高斯的磁场。

中国科学院国家天文台怀柔太阳观测基地就拥有具有国际先进水平的太阳磁场望远镜，便是利用测量太阳谱线的塞曼分裂效应来测定太阳光球表面附近的磁场的。

应该注意，利用谱线的塞曼分裂效应只能测量太阳光球表面附近的磁场，对太阳色球的探测精度则大幅度降低，而对于日冕磁场，由于日冕本身的高温，谱线展宽到完全无法探测其分裂特征。因此，谱线塞曼分裂原理无法测量日冕磁场。我们只能采用射电成像观测方法才能诊断太阳色球以上高层大气中的磁场特征。不过，射电探测日冕磁场本身非常复杂，还依赖于进一步的高分辨率的宽带频谱日像仪的观测和相关理论模型，具体的反演方法目前仍然还是一个尚待解决的科学难题。

图 25　极紫外图像显示的太阳磁场轮廓

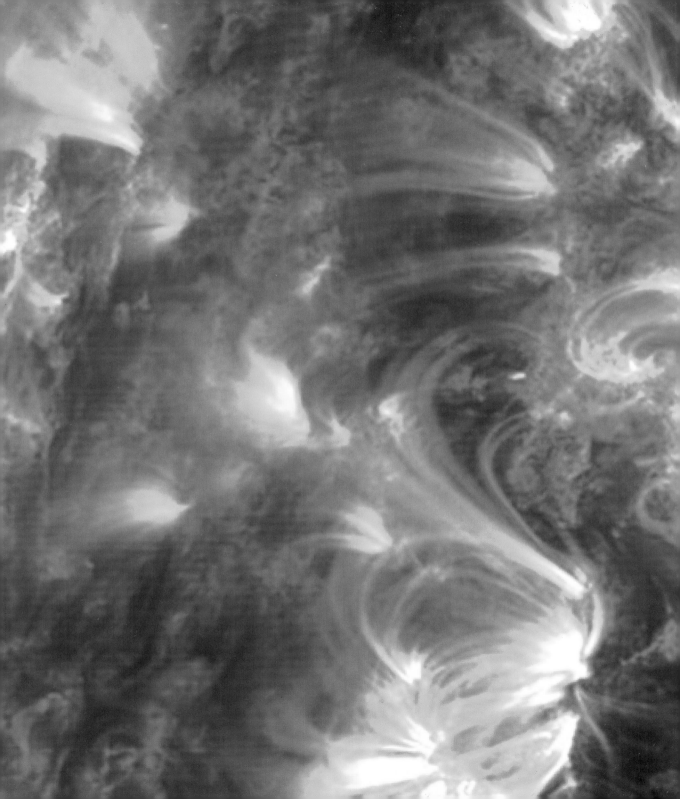

如何测量太阳表面物质流动的速度？

太阳作为一个巨大的天体，其表面物质是怎么运动的呢？我们又如何测定这些物质的运动速度呢？

1842年的一天，奥地利数学家、物理学家多普勒正路过一个铁路交叉路口时，一列火车从他身旁飞驰而过，他发现当火车从远及近时汽笛声的音调变得非常尖锐，而当火车从他身边渐渐远去时汽笛声比较低沉。他对这个现象进行了仔细的研究。发现声音的尖锐和低沉是由于声音的频率不同，当频率高时声音就尖锐，频率低时声音就低沉。当发出声音的振源与观察者之间有相对运动时，我们听到的声音频率就会发生改变，这种现象称为频移现象。当声源相对观察者静止不动时，我们观测到的声音频率为声速与声波的波长之比：$\frac{c}{\lambda}$，这里 c 表示声速，λ 表示波长。当声源向我们而来时，声波的波长减小，频率增加，音调就变高，观测到的频率可以表示成 $\frac{c+v}{\lambda}$；当声源离我们而去时，声波的波长增加，频率减小，音调变得低沉，观测到的频率为 $\frac{c-v}{\lambda}$。这里，v 表示声源的运动速度。音调的变化同声源与观测者间的相对速度和声速的比有关。这一比值越大，改变就越显著。这种现象，就称为多普勒效应。可见，利用多普勒效应就可以探测声源的运动速度。交警使用测速雷达探测行进中的车辆速度，就是利用的这个原理。

实际上，多普勒效应不仅适用于声波，也适用于所有其他类型的波，包括电磁波。当一个光源向我们靠近时，我们通过望远镜观测得到的该光源的频率就会增加，波长变短，称为蓝移（Blue shift）；而当光源远离我们而去时，探测到的光的频率减小，波长变长，称为红移（Red shift），著名天文学家哈勃（Edwin Hubble）正是使用多普勒效应探测遥远星系的运动速度，得到了宇宙正在膨胀的重要科学发现。

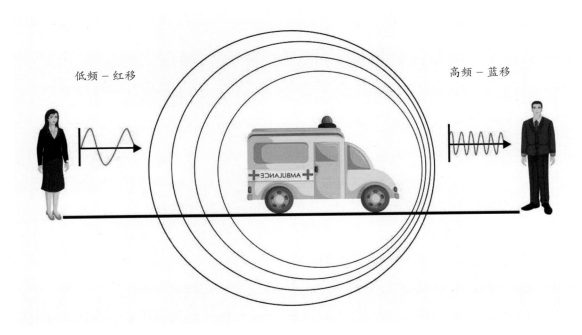

低频－红移   高频－蓝移

图 26　利用多普勒效应测定物体的运动速度

　　与上述方法类似，我们也可以利用多普勒效应研制特定的望远镜，专门探测太阳表面所发出的光的频率变化，从而可以得到太阳表面不同区域物质的运动速度的大小。

　　但是，我们知道，利用上述多普勒效应所探测的速度只能得到沿着我们视线方向上的纵向速度分量，而在垂直于视线方向上的横向速度分量是不能用这个方法得到的。那怎么办呢？太阳物理学家们发明了对太阳进行快速照相的望远镜，通过比较前后不同时刻所拍的两张太阳照片上参考物（如太阳黑子、小亮斑等）的位置变化，就可以算出太阳表面物质的横向运动速度。这样，通过多普勒效应和高速照相相结合，就可以探测太阳表面物质运动速度的所有分量了，这样的望远镜被称为太阳速度场望远镜。例如，中国科学院国家天文台怀柔太阳观测基地的多通道太阳望远镜上就包括一个太阳速度场望远镜。

为什么观测日全食？

几乎每过 1～2 年，地球上某地便会发生日全食，科学家们便会带着各种各样的探测仪器奔向日食中心带去追寻那短暂的几分钟日全食所残存的一片片朦胧的光芒。图 27 便是 2017 年 8 月 21 日在美国周边发生的日全食的全食带分布图，其中红线表示全食带的中心，在两条蓝线以内都能看见日全食，而在蓝线以外的地区则只能看见日偏食了。当时，全世界各地的许多科学家都奔向图中红线所表示的地区开展一系列的科学观测，并举行各种学术活动。

所谓日全食，是指当月亮运行到太阳和地球之间，完全挡住了太阳圆面的一种现象。既然太阳圆面都已经全部被挡住了，那么为什么我们还要不辞辛劳地观测日全食呢？

大家或许听说过科学史著名的一次日全食远征。1915 年，爱因斯坦发表了在当时看来是非常高深的广义相对论，这种理论预言光线在通过巨大天体的引力场中会发生拐弯，实在是令人难以置信了。为了证实这一理论预言，人们想到了日全食。因为离人类最近的强的引力场就是太阳，可是太阳本身发出很强的光，远处的微弱星光在经过太阳附近时是不是拐弯了，根本看不出来。但如果发生日全食，将太阳的强光挡住，就有可能测出光线是否拐弯、拐了多大的弯。天文学家们通过计算发现，1919 年 5 月 29 日将发生日全食，最佳观测地点位于西非附近南大西洋上的普林西比岛，离英国非常遥远。英国天文学家爱丁顿带着一支充满科学热情的观测队出发了。观测结果与爱因斯坦事先计算的结果完全一致，从而证实了广义相对论，并得到了世人的承认。

除了上述基础科学预言的验证外，事实上，日全食还是我们认识太阳的极好机会。平时我们所看到的太阳，只是它的光球部分，光球外面的太阳大气——色球和日冕，都湮没在光球的明亮光辉之中。色球是在太阳光球之上厚度大约 2000 千米的一层；日冕则是色球层以外超过百万开

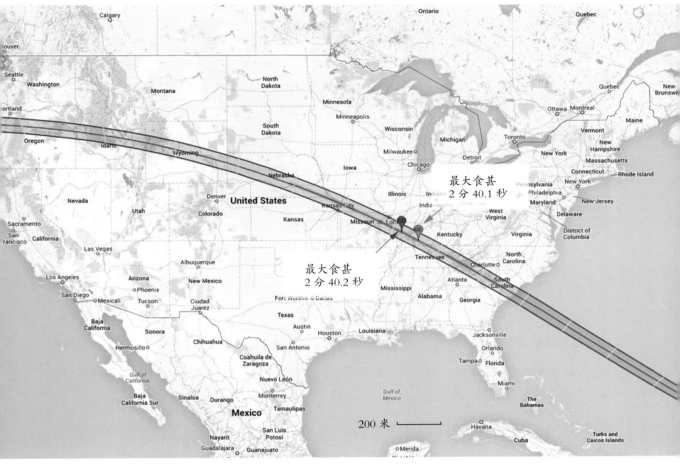

最大食甚
2 分 40.1 秒

最大食甚
2 分 40.2 秒

200 米

图27　2017 年 8 月 21 日北美日全食路径图

高温的等离子体，这里密度非常稀薄，范围非常大，比太阳本身还大好多倍，以至延伸到行星际空间。因为等离子体非常稀薄，日冕亮度只有光球的百万分之一左右，平时它被完全隐藏在地球大气散射光造成的蓝色天幕里。日全食时，月面挡住了明亮的太阳光球圆面，在漆黑的天空背景上，相继显现出红色的色球和银白色的日冕。这时，利用望远镜可以直接观测研究色球和日冕的基本性质。例如，1868 年 8 月 18 日的日全食期间，法国天文学家让桑拍摄了日饵的光谱，从中发现了一种新的元素氦，直到二十多年之后，才由英国化学家雷姆素在地球上找到。

图 28　日全食过程概略图

　　另外，日食还可以为我们研究太阳和地球的关系提供良好的机会。太阳和地球有着极为密切的关系。当太阳上产生强烈的活动时，它所发出的远紫外线、X射线、高能粒子流等都会增强，能使地球磁场、电离层发生扰动，并产生一系列的地球物理效应，如磁暴、极光扰动、短波通信中断等。在日全食时，由于月亮逐渐遮掩日面上的各种辐射源，从而引起各种地球物理效应发生变化，因此，在日全食期间开展各种相关的地球物理效应的观测和研究具有一定的实际意义，并且已成为日全食观察研究中的重要内容之一。

　　观测和研究日全食，还有助于研究有关天文、物理方面的许多课题，利用日全食的机会，可以寻找水星轨道以内是否存在我们尚不知道的行星，即所谓水内行星；可以精确测定来自遥远的星光从太阳附近通过时的弯曲，从而检验广义相对论，并研究引力的性质等。

图 29　太阳被月亮和地球部分遮挡

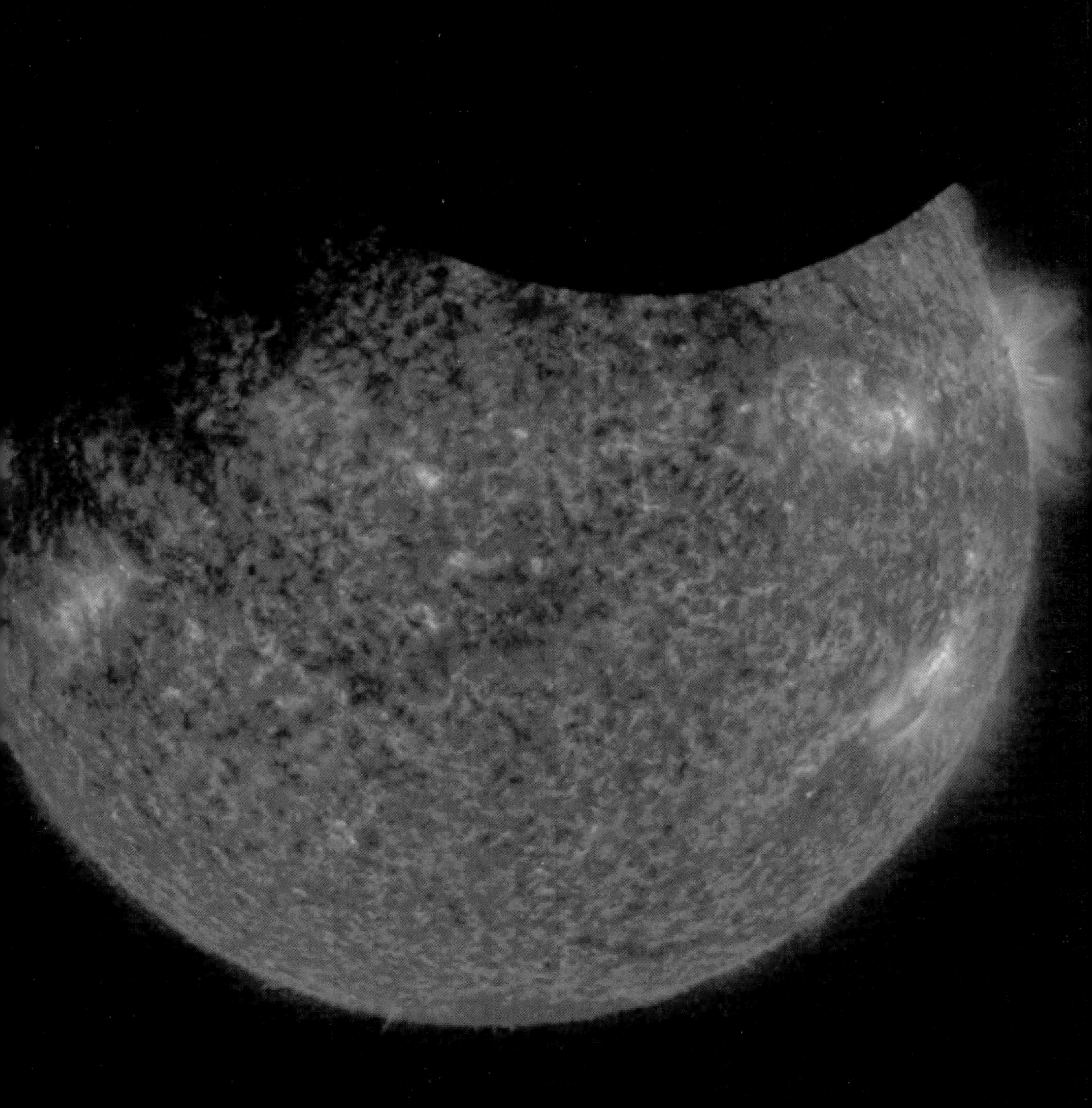

为什么不同的日全食，时间长短不同？

整个日全食过程可以分成几个阶段。第一个阶段是从初亏到食既这段时间里，太阳圆面被月面遮挡的面积逐渐增大；从食既到生光这段时间里，太阳圆面完全被月亮遮挡，这段时间称为日全食；生光之后，太阳圆面被月面遮挡的面积逐渐减小，直至复圆。细心的人们会发现，在不同时期发生的日全食，时间长短是不一样的，短的只有几秒，长的却可超过 6 分钟，为什么会有如此显著的差别呢？

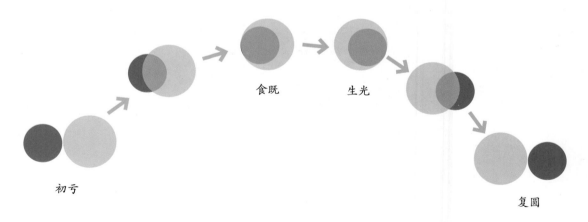

初亏　　　　　　　食既　　　生光　　　　　　复圆

图 30　食甚的长短取决于日面和月面在天空的相对大小

首先，我们要知道，地球绕太阳的公转轨道和月球绕地球的转动轨道都是椭圆，也就是说在不同时间，月亮与地球的距离是不同的，太阳与地球的距离也是随时间而变的。也正因为如此，月亮和太阳的圆面在天空中的张角就不同。也就是说，太阳和月亮在天上看起来的大小是不一样的。

对于太阳来说，地球绕太阳的椭圆轨道的近日距为 1.471×10^8 千米，远日距为 1.521×10^8 千米，太阳的直径是 1.391×10^6 千米。于是，可以算出太阳日面在天空中的最大张角为 32.5 角分，最小张角为 31.4 角分。

对于月球来说，月球绕地球的椭圆轨道的近地距为 3.564×10^5 千米，远地距为 4.067×10^5 千米，月球的直径为 3474 千米。于是，可以算出月亮在天空中的最大张角为 33.5 角分，最小张角为 29.4 角分。

可见，随着月球绕地球转动和地月系一起绕太阳转动过程中，有时月亮在天空中的张角大于太阳，有时月亮的张角小于太阳。只有当月亮的张角大于或等于太阳的张角时，发生日食时，月亮才能全部遮住太阳，形成日全食；而如果月亮的张角小于太阳，则只能发生日环食。很显然，日全食的时长就取决于月亮在天空中的张角与太阳的张角之差，这个差值越大，日全食持续时间就越长；反之，两者的差值越小，日全食的持续时间就越短。

日全食持续时间的长短对我们观测来说是很有用的。因为，很多年才能发生一次日全食，而每次全食的持续时间仅仅只有几分钟，持续时间越长，观测起来越从容，越容易获得我们所期望的观测效果。如果持续时间太短，有时由于紧张很容易出现差错，还来不及调整，宝贵的观测时间就过去了。

2009 年 7 月 22 日，发生在从我国长江流域到日本琉球群岛一带可见的日全食，其全食持续时间最长达到 6 分 39 秒，在我国境内最长为 5 分 55 秒，我国能看到日全食的地带宽约 250 千米。这是 21 世纪我国境内持续时间最长、能观看日全食的人口最多的一次。预计 2035 年 9 月 2 日在我国北方还会发生一次日全食，时长约为 1 分 29 秒。

贝利珠是怎么形成的？

1715 年，英国天文学家哈雷首次向人们报道，在日全食期间，在食既或生光的前后，在日面边沿能够观测到一颗或几颗非常耀眼的光点，形似美丽的珍珠，这种现象也为后来历次的日全食观测所证实。这种类似昙花一现的珍珠般的光芒，既带给我们美妙的感受，同时又带来了一个对天宇的疑问：它们是怎么产生的呢？

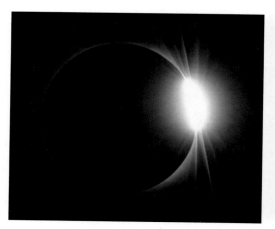

图 31　钻石环（左）和贝利珠（右）

1836 年，另一位英国天文学家贝利对这种现象进行了正确的解释，所以人们将这种现象称为"贝利珠"。

原来，日全食的这种贝利珠现象和月球表面不是一个均匀光滑的圆面有关。在月球表面有起伏不平的地形，山峰和低谷星罗棋布，地貌复杂。在发生日全食时，无法一下就把整个太阳光球遮住，剩下的光透过山谷的缝隙最后存留下来。在食既的瞬间，太阳与月球的视圆面内切时，太阳最后一道光芒将通过月面低洼处射过月面，从而形成耀眼的点状光芒，产生贝利珠现象。同样，在生光的瞬间，太阳的第一缕光芒也将首先从月面低洼处射出，产生点状耀眼光芒，也可以形成贝利珠。可见，贝利珠的产生、形状和数量直接反映了月面边沿附近山峦起伏的地貌特征。

尤其是，如果贝利珠只有一颗，而且特别大，那么加上色球层，就好似一颗钻石戒指挂在天空上，这便是"钻石环"现象。西方传说，男青年如果能在"钻石环"出现的时刻向他心爱的女朋友求婚，就一定会成功的，因为世上没有人能够给女子如此巨大、璀璨耀眼的钻戒。

对天文爱好者来说，最让人激动的日全食现象莫过于贝利珠和钻石环了。贝利珠和钻石环都发生在食既前和生光后的短暂瞬间，都是在月球几乎完全遮住太阳时，由月球轮廓边缘崎岖不平的山峰缺口透过的阳光形成的。食既前，"钻石环"比"贝利珠"出现得要早，时间也相对较长，是由露出的较多太阳圆面的光衍射以及过度曝光形成的。此时，可以看到艳红的太阳色球大气在黑黑的月球外缘形成的一圈亮环。随着太阳光被遮挡得更多，"钻石"逐渐破碎成一串珍珠般的颗粒，有时两三颗，多的时候可达六七颗，这就是贝利珠。

每次日全食期间有两次机会可以看见贝利珠、食既和生光。贝利珠持续的时间都很短，通常只有 1～2 秒钟，很快就会随着月球更多地遮挡而消失。在生光前的过程与食既正好相反，食既后第一颗贝利珠的出现可以作为生光时刻的标志。不难理解，因为食既时刻对应的月面位置不同，所以，所看到的贝利珠的多少、大小和形态也是不一样的。

什么叫日冕仪？

我们知道，日冕是由非常稀薄的等离子体构成的，其亮度还不到太阳光球亮度的百万分之一。因此，平时我们是看不见日冕的。只有在日全食期间，当月亮把太阳明亮的光球全部挡住以后，我们才能观测到日冕。但是，日全食的持续时间太短暂了，而且在同一个城市，往往需要几百年才能发生一次日全食。我们怎么观测日冕呢？

1930 年，法国天文学家李奥（B. Lyot）提出在望远镜的前端主焦点位置加装一块遮挡盘，精确控制好遮光板的直径大小，使之刚好遮挡住明亮的太阳光球像的同时，允许日冕像通过，人工形成一种类似日全食的过程，这样的太阳望远镜称为日冕仪。利用日冕仪，我们就可以对太阳日冕以及其中的太阳活动过程进行长期、详细的观测研究了。如果在日冕仪的焦平面处安置滤光器、摄谱仪或光电磁像仪等附属仪器，还可以进行日冕光谱和磁场的探测研究。

不过，要建造日冕仪却是非常困难的。我们知道，天空之所以会呈现蓝色，是因为太阳光中的蓝色波段在地球大气中发生了显著的瑞利散射，使得天空变亮。如果我们把在望远镜视线方向直接来自太阳光球表面的光挡住，但是太阳射向别处的光通过散射仍然是可以进入我们的望远镜的，望远镜里仍然变得非常明亮。那怎么办呢？

消除散射光是日冕仪设计和制造的关键问题。这主要通过以下两种途径来解决。

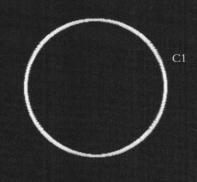

图 32　SOHO 卫星搭载的空间日冕仪 LASCO
有 3 个遮光板 C1、C2 和 C3，半径分别是 1.1 倍、
2.5 倍和 30 倍太阳光球半径

首先，因为日冕光十分微弱，不采取特殊措施，日冕就会湮没在仪器内外的散射光中。因此，日冕仪大多采用折射系统，其物镜采用单块薄透镜，目的是将透镜材料及玻璃到空气界面数减少到最低限度，这样有利于减少材料内部和界面反射引起的散射光。同时，所有透镜均采用气泡和内部缺陷极少的玻璃，镜面通过仔细加工，使表面具有尽可能高的光洁度，镜筒内部饰以无光泽的黑色涂层。

另外，因为在地面附近地球大气散射光亮于日冕，太阳物理学家们通过精心选址，把日冕仪安装在地球大气散射比较弱的地方，例如安装在海拔 2000 米以上的高山地区，那里空气稀薄，大气散射显著地小于地面，甚至还可以搭载到火箭、轨道天文台、空间站上进行观测。例如，著名的太阳空间望远镜 SMM、Skylab、SOHO 等都搭载了性能各异的日冕仪。

2013 年 11 月 4 日，云南天文台丽江日冕仪建成并取得初光，结束了我国天文学史上没有日冕仪的历史。丽江日冕仪位于大香格里拉地区南部的高美古，这里海拔较高，空气十分洁净，每年旱季日照充沛，目前拥有东亚最大的地面天文望远镜集群，为日冕仪观测站的建立提供了极其便利的条件。

图 33 LASCO 日冕仪观测到的日冕物质抛射情形

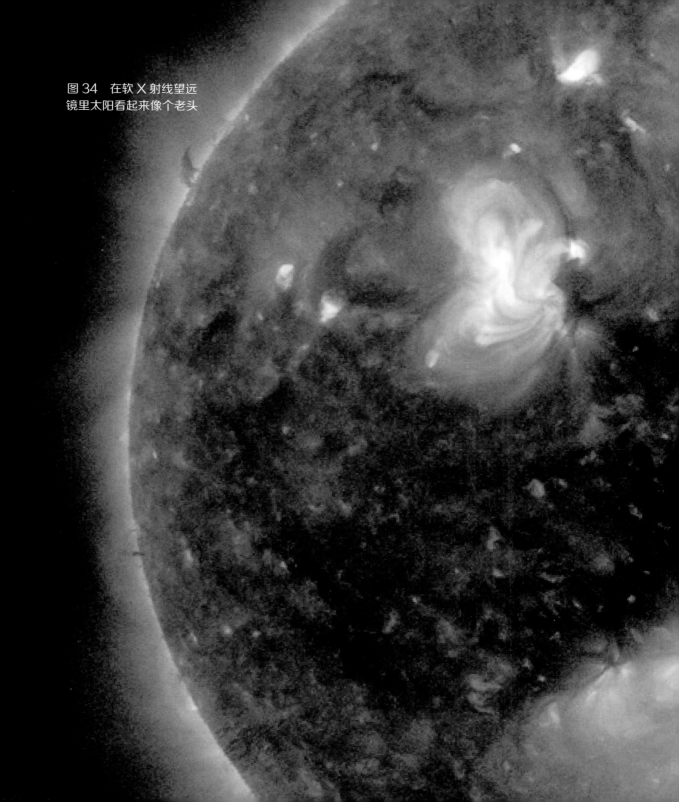

图 34 在软 X 射线望远镜里太阳看起来像个老头

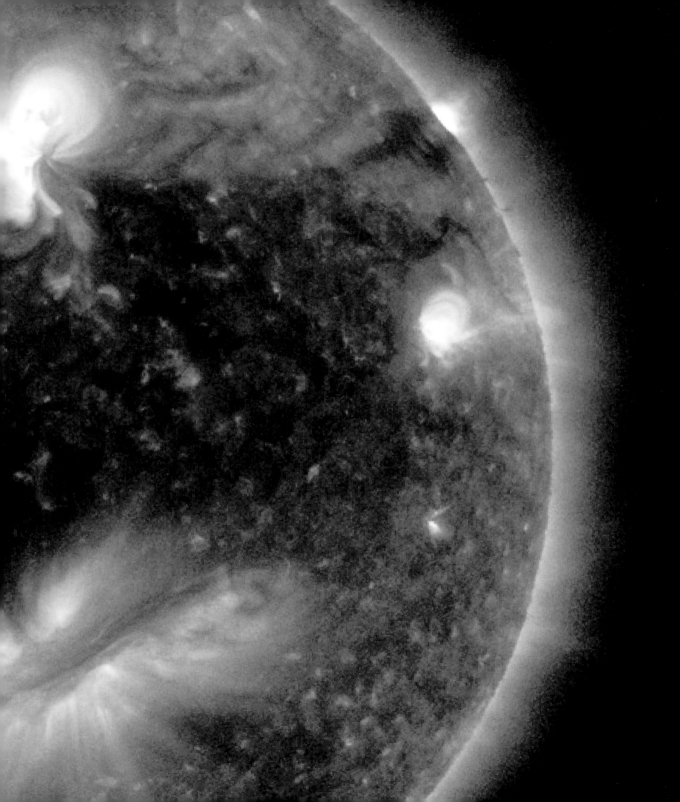

为什么要到太空中去观测太阳？

人们已经在地面上建设了许多太阳望远镜，包括太阳光学望远镜、磁场望远镜、日冕仪、射电望远镜等。而且我们也知道，将一个望远镜发射到太空去是非常昂贵的，而且维修、运行等都没有在地面上那么方便。可是，为什么科学家们还要发射空间太阳望远镜呢？

首先，我们知道，太阳发射的电磁波包括 γ 射线、X 射线、紫外线、可见光、红外线以及射电波等。因为地球大气层和电离层的吸收、折射和散射作用的影响，并非在所有的电磁波段都能从地面上进行观测。其中，只有可见光波段、部分红外线波段和射电波段的微波、短波、中波等波段的辐射可以穿透地球电离层和大气层到达地面，被我们的望远镜所接收到，这部分波段称为地球大气窗口。

γ 射线、X 射线、紫外线和部分红外波段的太阳辐射完全被地球大气层所吸收，根本到不了地面，因此地面望远镜无法观测到它们。另外，在远红外波段、射电波段的毫米波，以及波长在 10 米以上的甚低频射电波段，也分别因为地球大气层和电离层的吸收与散射，均无法从地面望远镜上获得有效观测，必须跳出地球大气层以外，将望远镜搭载在空间飞行器上，从空间对太阳进行观测研究。

另外，即使是在地球大气窗口的那些波段，也常常会受到地球大气中的风、云、雨、雪、雾霾、尘埃、大气湍动以及人工信号的干扰等因素的影响，从而导致观测图像的抖动、模糊，甚至完全无法观测。而在地球大气层外的空间，则可以完全避免上述不利因素的影响，大大提高观测的空间分辨率和图像的清晰度。因此，在许多空间太阳天文台，如太阳与日球天文台（SOHO）、日出卫星（Hinode）、太阳动力学天文台（SDO）等均搭载了在光学波段观测太阳的望远镜子系

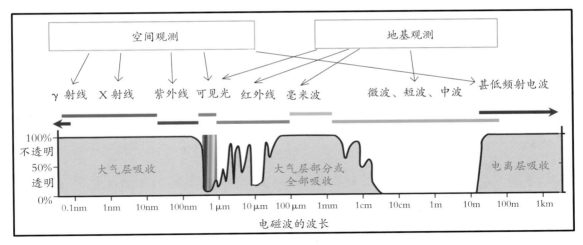

图 35　太阳电磁辐射的地球大气窗口

统。例如，1995 年由美国和欧盟国家合作发射的 SOHO 上，除了搭载了地球大气窗口以外的紫外、极紫外波段和低频射电波段的探测器外，同时也搭载了工作在可见光波段的迈克尔逊多普勒成像仪（MDI），用于观测太阳全日面磁场。SOHO 位于太阳与地球之间距离地球 150 万千米之远的第一拉格朗日点（L1）附近，可以 24 小时全天候观测太阳，自 1995 年发射以来，已经在轨运行了二十多年，远远超过了当初设计的使用寿命（3 年），目前仍然在正常观测。

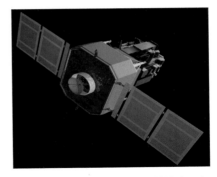

图 36　美国与欧盟联合发射的太阳与
日球天文台

另外，2010 年美国发射的最新一代太阳望远镜 SDO，也同样携带了性能更高的光学探测器——日震与磁成像望远镜 HMI，可以提供分辨率更高、精度也更高的全日面矢量磁图，为科学家们研究太阳磁场的结构、太阳爆发的能量来源，以及太阳内部的结构特征提供了非常强大的观测手段。

自 20 世纪 60 年代开始，国际上先后发生了上百颗太阳探测卫星，其中最著名的有空间实验室 Skylab，日本阳光卫星 Yohkoh 和日出卫星 Hinode，美欧合作的 SOHO、SDO、STEREO、TRACE、RHESSI 等。不过，作为航天大国的中国迄今还没有一颗太阳探测卫星。

如何探测太阳中微子？

太阳发光是由于其内部不断发生的氢核聚变反应：每 4 个氢核聚变转化成 1 个氦核，同时释放 2 个正电子和 2 个中微子。中微子可以轻易地从太阳内部逃离出去，其能量并不以光和热的形式出现。

中微子不带电荷，且没有内部结构。在基本粒子物理标准模型中，中微子是没有质量的。每秒到达地球表面每平方厘米面积上的太阳中微子大约为 1000 亿个，但我们却感受不到它们。因为中微子与物质发生相互作用的概率非常小。每 1000 亿个太阳中微子穿过地球时只有 1 个能与地球物质发生相互作用。因此，中微子可以轻易地从太阳内部逃逸出来并直接带给我们关于太阳内部核反应过程的信息。那么，中微子与其他物质作用这么微弱，我们又如何探测它们的存在呢？

人类首次探测中微子，是 1956 年美国物理学家莱尼斯和科恩小组，利用萨瓦纳河工厂的反应堆进行的实验。实验反应堆产生强大的中子流并伴有大量的 β 衰变，放射出电子和反中微子，反中微子轰击水中的质子，产生中子和正电子，当中子和正电子进入探测器中的靶液时，中子被吸收，正电子与负电子湮灭，产生高能 γ 射线。通过探测高能 γ 射线的数量，可以反演出中微子的数量。虽然反中微子通量高达每秒每平方厘米 5×10^{13} 个左右，但当时的探测记数每小时还不到 3 个。

第一个探测太阳中微子的方法是由我国物理学家王淦昌先生提出来的，他在 1942 在美国《物理评论》上发表论文，提出用 ^{7}Be 的 K 电子俘获过程来检验中微子的存在。美国物理学家 J.S. Allen 根据王淦昌先生的建议通过实验证实了中微子的存在。美国布鲁克海文实验室的戴维斯

（Raymond Davis）和约翰·白考（John Bahcall）等人则提出中微子与氯的同位素 ^{37}Cl 发生相互作用，可以跃迁为放射性氩原子，探测氩的数量可以检测中微子发射频率。他们在一个游泳池里安装了盛满纯四氯乙烯的容器做探测器来测定一定时间内产生的氩的数量。在这里，大体积四氯化碳作为靶，利用俘获中微子的反应就能获得太阳的中微子发射率的信息。

另一个方法是利用"切伦科夫辐射"来探测太阳中微子。所谓切伦科夫辐射是指当带电粒子在介质中穿行时，其速度超过光在介质中的速度 υ 时就会发生切伦科夫辐射，发出切伦科夫光。具体来说，当中微子束穿过水中时，与水中的原子核发生核反应，生成高能量的负 μ 子。负 μ 子在水中以 0.99 倍光速前进，超过了水中的光速（0.75 倍光速），它在水中穿越六七米长的路径时便会产生"切伦科夫效应"，辐射出所谓的"切伦科夫光"。这种光不但囊括了 0.38 ~ 0.76 微米范围内的所有连续分布的可见光，而且具有确定的方向性。因此，只要用高灵敏度的光电倍增列阵将"切伦科夫光"全部收集起来，也就探测到了中微子束。位于日本岐阜县的超级神冈探测器的主体部分便是一个建设在地下 1000 米深处的巨大水罐，盛有约 5 万吨高纯度水，罐内壁附着 1.1 万个光电倍增管，用来探测中微子穿过水中时发射出的切伦科夫光，从而捕捉到中微子的踪迹。加拿大的萨德伯里中微子观测站位于地下 2000 米处，使用 1000 吨超纯重水，通过观察中微子与重水发生反应变成质子的过程，来探测抵达地球的太阳中微子数目。

除了上述中微子探测器外，美国正在南极洲冰层中建造一个立方千米大的中微子天文望远镜——冰立方。法国、意大利等欧盟国家和俄罗斯也分别在地中海和贝加尔湖深处建造中微子望远镜。

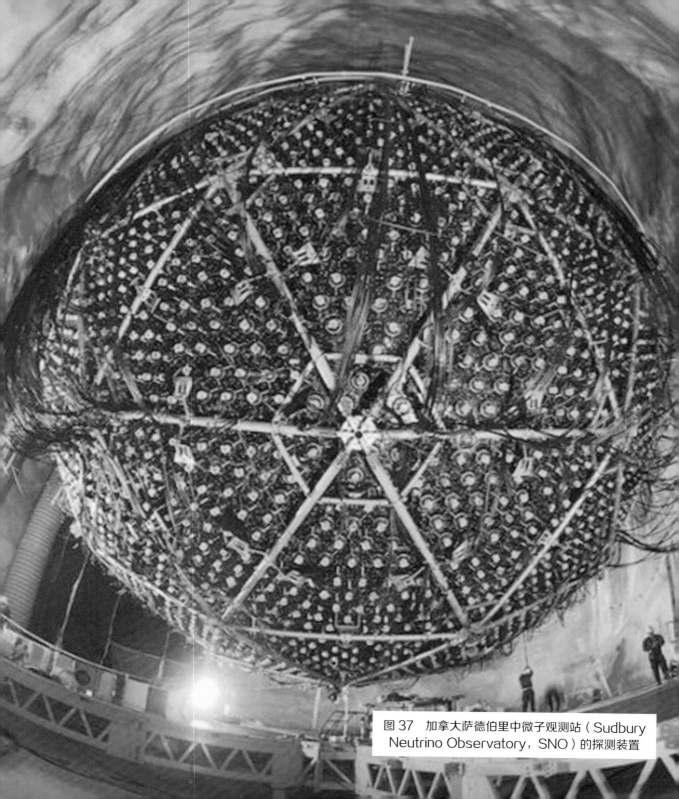

图 37　加拿大萨德伯里中微子观测站（Sudbury Neutrino Observatory，SNO）的探测装置

为什么我们还要继续探测太阳中微子？

我们人类对太阳中微子的探测研究已经有 60 多年的历程了，所取得的研究成果先后 4 次获得了诺贝尔物理学奖：

➤ 美国物理学家柯万（Cowan）和莱因斯（Reines）等在 1956 年首次直接探测到了核反应堆 β 衰变发射的电子型反中微子，获得了 1995 年诺贝尔物理学奖。

➤ 1962 年，美国物理学家莱德曼、舒瓦茨和斯坦伯格发现第二种中微子——μ 子型中微子，获得了 1988 年的诺贝尔物理学奖。

➤ 1968 年戴维斯发现太阳中微子失踪现象，1987 年日本小柴昌俊通过神岗实验和美国 IMB 实验观测到超新星发射的中微子，他们两人获得了 2002 年诺贝尔物理学奖。

➤ 1998 年，日本梶田隆章通过超级神岗实验以确凿证据证实了中微子振荡现象，加拿大阿瑟·麦克唐纳在 2001 年通过 SNO 实验证实失踪的太阳中微子确实转换成了其他中微子，他们共同获得了 2015 年诺贝尔物理学奖。

2002 年日本 KamLAND 实验用反应堆证实了太阳中微子振荡，2003 年 K2K 实验用加速器证实大气中微子振荡，2006 年美国 MINOS 实验进一步用加速器证实大气中微子的振荡。

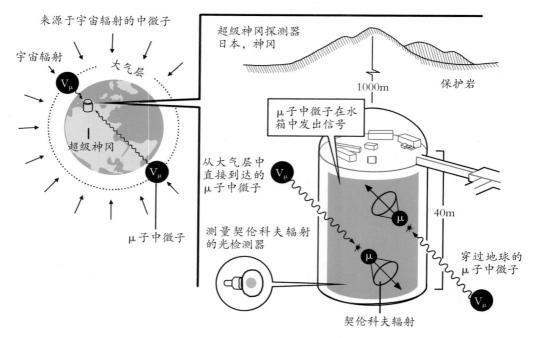

来源于宇宙辐射的中微子

宇宙辐射

V_μ

大气层

超级神冈探测器
日本，神冈

1000m

保护岩

超级神冈

V_μ

μ子中微子

μ子中微子在水箱中发出信号

从大气层中直接到达的μ子中微子

测量契伦科夫辐射的光检测器

V_μ

40m

μ

μ

穿过地球的μ子中微子

V_μ

契伦科夫辐射

图38 日本超级神冈中微子探测器的工作示意图

上述实验表明，太阳中微子失踪之谜已经得到了完美的解释。但是，为什么今天世界上仍然还有很多科学家在继续进行太阳中微子的探测呢？中微子问题为什么仍然是当今世界科学界的前沿问题呢？

第一，在粒子物理标准模型里，中微子是没有质量的，但是中微子振荡则表明它们必须具有互不相同的静止质量。因此，标准模型必然是不完备的，究竟哪里出了问题呢？这是当今理论界的热门课题。通常人们用两种等价的方式来描述中微子。一种方式与中微子质量相关，每种中微子都有一个确定的质量，称为质量本征态；另一种方式与中微子的相互作用相关，即电子中微子、缪子中微子和陶子中微子，称为味道本征态。两种方式可以通过确定的混合角联系起来，测量这些混合角可以帮助我们理解基本粒子的性质。很显然，太阳中微子将为我们建立一种更全面的基本粒子理论提供重要的线索。

第二，SNO和超级神冈实验观测到的中微子数量与太阳标准模型的计算结果一致，再次表明太阳标准模型是正确的，太阳中微子难题的解决也是天文学的一次胜利。为了准确计算太阳内部核反应释放的中微子，还有许多问题需要研究，比如：①太阳内部热核反应的细节；②高温高密度下能量的传输机制；③太阳内部物质状态；④测量太阳重元素的丰度及随太阳半径的变化。这些问题都无法从实验角度去观测，只能通过中微子探测间接反演，并需要准确的定量计算。

第三，高能太阳中微子的数量可以通过量子力学计算，其结果对太阳中心温度非常敏感。例如，太阳中心温度1%的误差就会导致计算结果有30%的误差，中心温度3%的误差就会使误差达到2倍。这种对温度敏感性的主要原因是太阳中心的核聚变是通过碰撞产生的，由于原子核之间的强烈的静电斥力，只有小部分核碰撞才能产生核聚变反应。这部分核所占比例对温度十分敏感。因此，对高能中微子数量的准确观测，可以非常准确地反映太阳核心区的温度状态。

第四，利用太阳中微子测量还可以反映太阳总辐射亮度。如果太阳内部的能量是唯一由核聚变反应释放的，则对中微子和光子的测量所得出的太阳亮度应该一致。如果两者不一致，则表明在太阳内部可能还存在其他的能量来源，这些能量来源是什么？如果能证明这一点，将是一个革命性的发现。

除了上述问题之外，中微子还有许多谜团尚未解开。其中包括：

> 中微子的质量到底是多少，目前尚未直接测到。

> 中微子到底有没有磁矩？

> 中微子与它的反粒子是否为同一种粒子？

> 有没有右旋的中微子与左旋的反中微子？

> 太阳中微子的强度有没有周期性变化？

> 宇宙背景中微子如何探测？它在暗物质中占什么地位？

这些问题正是将微观世界与宇观世界联系起来的重要环节，因此，中微子成了粒子物理、天体物理、宇宙学、地球物理的交叉与热点。

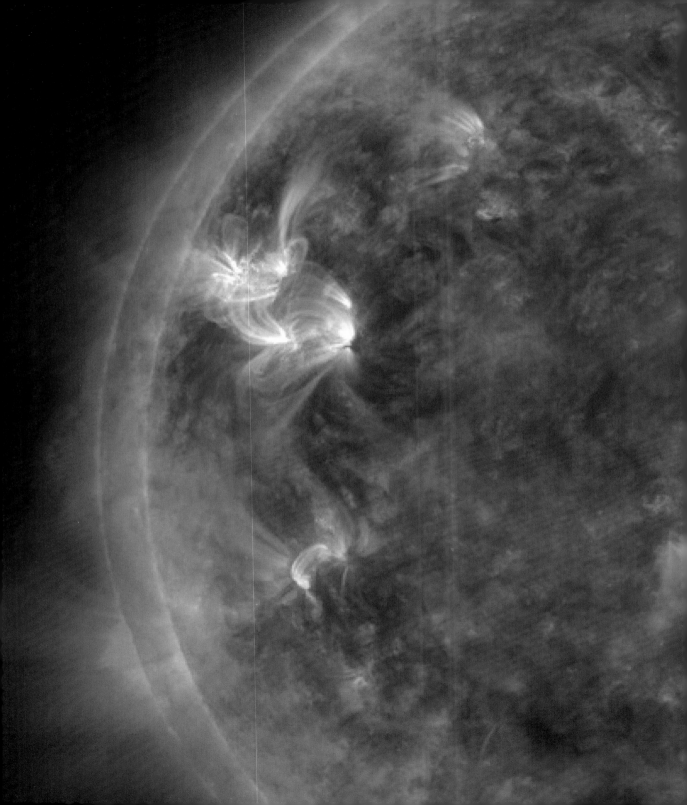

第三章

太阳的内部结构

太阳核心区有多大？

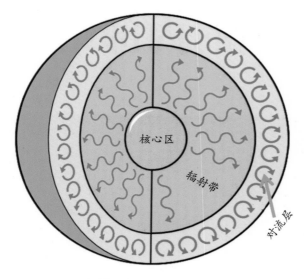

图 39 太阳内部的分层结构

与其他许多天体类似，太阳内部也具有分层结构，从中心向外，主要可以分为三层：核心区、辐射区和对流区。其中，太阳核心区是发生氢核聚变反应的地方，是太阳的产能区，太阳向外辐射的所有能量都来自于这里。那么，太阳核心区有多大呢？我们无法直接到太阳内部去观测，那么，又该如何知道太阳核心区的大小和范围呢？

我们知道，太阳内部能量是通过氢核聚变反应产生的。但是氢核是带正电的粒子，要使它们发生聚变反应，必须具有足够大的动能，才能克服同样带正电的两个氢核之间的静电斥力。下面通过一个简单计算可以知道两个氢核之间的静电斥力的势垒：

$$E = \frac{e^2}{4\pi\varepsilon_0 r_0} \approx 2 \times 10^{-13}\text{J} \approx 1\text{MeV}$$

上式中，ε_0 为真空中的介电常数，r_0 为氢核聚变反应的作用距离，$r_0 \approx 10^{-15}$ 米，e 为氢核电荷量，MeV 为粒子能量单位，即百万电子伏特。1MeV 对应的热力学温度大约为 100 亿开，这是一个非常高的温度。不过，两方面的原因表明在太阳核心区不需要这么高的温度也能发生核聚变反应。

第一，因为高温，太阳内部是由等离子体构成的，粒子的能量服从麦克斯韦分布，即使温度大大低于上述 100 亿开，在其分布的高能尾巴上也总有一部分氢核的动能可以达到 1MeV，它们通过碰撞是可以产生核聚变反应的。而且温度越高，高能尾巴上的粒子数就越多，产生核聚变反应的比例就越高。

第二，量子力学中有个隧道效应，指即使粒子的动能小于静电斥力势垒，粒子也仍然会有一定的概率可以穿透该静电斥力势垒而碰撞在一起发生核聚变反应。

综合上述两方面的原因，科学家们通过计算发现，针对太阳内部的密度条件，只要温度超过 700 万开，就有可观的氢核发生聚变反应释放出能量让太阳自持地发光。当低于这个温度时，则无法有效点燃氢核聚变反应。

实际计算需要应用太阳的直接观测参数，包括太阳的质量（M）、半径（R）、表面温度（T）和光度（L）等，并应用太阳内部的流体静力学平衡方程。通过计算得到，太阳中心的温度大约为 1500 万开，压力相当于 2500 亿个大气压，密度大约为普通水的 140 倍；从太阳中心向外，温度和密度逐渐降低，到距离太阳中心 0.1 倍太阳半径处，温度降低到 1250 万开，密度大约为水的 80 倍；在距离太阳中心 0.25 倍太阳半径附近，温度降低到大约 700 万开，密度为水的 20 倍左右。继续向外，温度将低于 700 万开，就不会再有氢核聚变反应发生了。这表明，太阳核心区的大小大约为 0.25 倍太阳半径，其体积大约为整个太阳的十六分之一。不过，由于密度远大于太阳外层，太阳核心区的质量大约占整个太阳的一半。

当然，太阳核心区的大小以及温度、密度等物理条件也会随着太阳质量和内部成分的变化而缓慢变化。不过，在数百年的时间尺度上，这种变化小到几乎探测不出来。

什么叫太阳辐射带?

从距离太阳中心 0.25 倍太阳半径到大约 0.72 倍太阳半径范围的这个圈层，我们通常称为太阳辐射带（Radiation zone）。

在太阳辐射带，等离子体的温度从大约 700 万开逐渐降低到 200 万开，密度也从水的 20 倍逐渐降低到水的一半左右。在这个区域里，由于温度太低，已经不再有显著的氢核聚变发生了，来自于太阳核心区的核聚变反应释放的能量将主要通过辐射从这一圈层逐渐向外传递。因此，太阳辐射区包含了各种电磁辐射和粒子流。

在太阳的核心区，氢核聚变反应释放出来的能量是通过高能 γ 光子、中微子、α 粒子、中子等向外传递的。其中，α 粒子通过碰撞使周围其他粒子加热，维持高温；高能中子很快衰变为质子和电子，也转化为周围的高温等离子体；中微子因为不带电荷，质量也特别小，与其他粒子几乎不发生任何作用，可直接逃逸出太阳内部；而高能 γ 光子则在从内部向外部传递过程中将经历无数次被物质吸收而又再次发射的过程，不断与沿途的电子和粒子发生碰撞和散射，将经历一个非常复杂曲折的路径，最终到达太阳表面。在与电子和粒子发生碰撞和散射的过程中，光子不断损失能量，频率也逐渐减小，波长逐渐变长，依次以 X 射线、远紫外线、紫外线，最后变成可见光从太阳光球表面辐射出来。计算表明，太阳核心区核聚变反应产生的一个高能 γ 光子，需要经过大约 1000 万年的时间，才能最后以可见光的形式到达太阳表面。

太阳辐射带的主要特点是太阳内部的能量只通过辐射方式向外转移，每一点处的物质都基本上处于局部平衡的状态，没有显著的对流发生。印度物理学家西瓦兹恰尔德（Schwarzschild）曾经仔细研究过这种对流问题，得到了一个对流发生的判据，后人称为西瓦兹恰尔德判据。当天体内部某处的温度梯度低于西瓦兹恰尔德判据时，该处将没有显著的对流发生，能量主要是通过辐射进行转移的，这一区域便称为辐射带。人们利用太阳标准模型进行计算，得到太阳辐射带的外边界大约位于距离太阳中心 0.72 倍太阳半径的地方。这一结果也与日震学观测数据反演的太阳内部阶段断面的位置基本一致。

太阳辐射带的厚度达 26 万千米，几乎接近太阳半径的一半。在这么大的距离内我们很难想象物质是像一潭死水那样完全均匀、没有一丝涟漪。2011 年，我通过对 1700 年以来的太阳黑子数观测数据的分析发现，太阳活动周除了众所周知的 11 年周期以外，还有很强的迹象表明太阳还存在一种周期为 100 余年的大周期，称为世纪周（Centenary cycle）。目前的理论研究推断，太阳活动的 11 年周期与对流层内子午环流产生的发电机过程有关；那么，太阳活动的 100 余年大周期呢？推测很可能与辐射层中的大尺度物质运动有关。但是，因为覆盖在剧烈奔腾的对流层之下，要探测到太阳辐射带的变化是非常困难的。至今，科学家们也没有找到什么好办法。

应该注意，在太阳的辐射层，虽然氢核聚变反应无法点燃，但是因为在这一层中仍然存在一定数量的锂（Li）、铍（Be）和硼（B）等原子核，太阳辐射层的温度和密度条件也足以触发下列核反应过程：

$$^{6}_{3}\text{Li} + \text{P} \rightarrow {^{3}_{2}\text{He}} + {^{4}_{2}\text{He}}$$

$$^{9}_{4}\text{Be} + \text{P} \rightarrow {^{6}_{3}\text{Li}} + {^{4}_{2}\text{He}}$$

$$^{10}_{5}\text{B} + \text{P} \rightarrow {^{7}_{4}\text{Be}} + {^{4}_{2}\text{He}}$$

$$^{11}_{5}\text{B} + \text{P} \rightarrow 3\, {^{4}_{2}\text{He}} + \gamma$$

上述核反应过程都能释放能量。不过，由于锂、铍、硼等元素本来含量就极少，因此，上述过程释放的能量也是非常有限的。

人们非常想知道在太阳辐射带里到底发生了哪些物理过程？这些过程在我们的望远镜里会表现出哪些观测特征呢？这也是太阳物理学家，甚至是很多天体物理学家们都非常关心的问题。

太阳对流层是怎么形成的?

在太阳辐射带顶部，温度梯度超过了西瓦兹恰尔德判据，这时物质开始产生剧烈的对流运动：热的物质团向上运动，冷物质团向下运动，同时导致太阳内部的能量迅速向外传输。这一层一直延伸到太阳光球的底部，称为太阳对流层（Convection zone），厚度大约为十几万千米。那么，太阳对流层是怎么形成的呢？

在太阳核心区和辐射带，由于温度高，所有物质都完全电离成为等离子体。但是，在太阳对流层，温度已经下降到200万开以下，到对流层的顶部，温度甚至只有6000开左右。物质密度也从水的一半下降到不足水的万分之一。这时电子和原子核或离子开始发生复合反应生成更容易吸收辐射的原子或离子，变成低阶电离的等离子体或部分电离的等离子体，吸收系数和气体的比热都大大增加，从而导致温度梯度的增加，破坏了流体静力学平衡；层内的氢不断电离，增加气体比热，破坏流体静力学平衡，引起气体上升或下降。由于升降很快，流体元几乎处于绝热状态；同时，由于比热大，在重力场中上升时，流体元的温度就比周围高，密度小，因浮力而继续上升。流体元一旦下降，温度比周围低，密度大，就会继续下降，从而产生了对流。

一般认为太阳对流层厚度大约为15万千米。我们可以把对流层看成是一个巨大的发动机，它把从太阳内部核聚变反应产生的外流能量的一部分转变为对流能量，成为产生诸如黑子、耀斑、日珥以及在日冕和太阳风中其他瞬变现象的动力。因此，我们对太阳对流层的研究，具有非常重要的意义。

对流层内对流的尺度和速度都远大于地球上常见的流动现象。它的雷诺数远大于通常引起湍流运动的临界雷诺数，所以一旦在对流层内产生了流动，很快就会从对流层底到光球底部建立起一个非均匀的湍流场。太阳内部的能量被转变为湍流元的动能和湍流团涨缩时的噪声能。这个湍流场是不均匀的和各向异性的。通过机械传输的方式，把绝大部分的能量传输到光球底层，再辐射出去。在对流层中，除了小尺度湍流这种运动模式外，还有太阳整体的较差自转，它叠加在对流湍流场上将引起大尺度环流，这很可能与太阳磁场的起源有密切关系。

这个图像虽然比较清晰，但因湍流理论并不完善，我们对太阳对流层的研究，始终未能得出完整定量的结果。目前，人们用混合长理论定量地研究太阳对流层的性质和组态。这种理论可概括为：上升的对流元经过路程 L（混合长）后便完全瓦解，把自己的动能和热能全部转移给周围的物质，同周围的物质完全混合，而在瓦解之前，并未同周围环境交换热量。这种热量和动能的传输，类似分子热运动的输运过程，混合长类似分子的平均自由程。

由于密度较低，虽然对流层的厚度达到 15 万千米左右，体积超过太阳总体积的 60%，但是其质量仅为太阳总质量的 1.5% 左右。

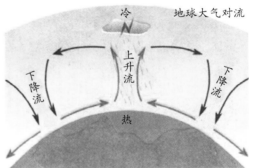

其实，对流运动是天体内部和大气中普遍发生的一种现象，例如在地球大气中的对流运动是形成风云雨雪的先决条件，地球内部的对流运动导致了高山和海沟的形成等。而太阳内部的对流运动，则保证了将太阳内部的能量有效地传输到太阳表面，并向外部转移，保持了太阳的稳定平衡。

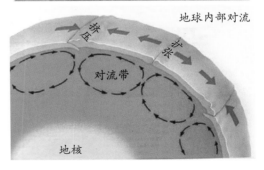

图 40　太阳内部、地球内部和地球大气的对流过程对比

太阳磁场是如何产生的呢？

太阳表面的磁场，平均在几十高斯的数量级，为地球磁场强度的 50 ～ 100 倍。而且在太阳表面的不同区域，其磁场强度差别也非常大，从最弱的宁静磁场的几高斯到最强的大黑子中心磁场几千高斯，强度也相差上千倍，显示出高度的不均匀性特点。太阳磁场可以大体上分成如下三种不同的分量。

（1）极区磁场：主要分布于太阳极区，类似于地球的偶极子磁场，南北两极磁场极性相反，强度为 1 ～ 3 高斯。不过，与一般偶极子磁场不同，太阳极区磁场没有准确的轴向和对称性，且随太阳周变化。

（2）宁静区磁场：在太阳宁静区，存在一些网络状分布的弱磁场，网络大致与米粒结构边界和色球网络相对应。在网络处磁场强度可达几十到几百高斯，网络内部也存在离散的强度在 5 ～ 25 高斯弱磁场的小磁岛，最小尺度只有几百千米，寿命从几分钟到几十分钟。极性分布近似于随机分布。

（3）活动区磁场：以太阳黑子为中心的太阳活动区，磁场强度为 1000 ～ 4000 高斯，具有各种极性分布。近年的观测发现，通过光球的大多数磁通量管被集中在太阳表面称作磁元的区域，其半径为 100 ～ 300 千米，场强为 1000 ～ 2000 高斯。

那么，上述太阳磁场是如何产生的呢？

这是一个非常困难的科学问题，迄今尚未被科学家们很好地解决。现有的假说主要可以分成两类。

（1） 太阳磁场的化石学说，即认为太阳现有的磁场，尤其是极区磁场是几十亿年前形成太阳时的物质遗留下来的磁场化石。理论计算表明，太阳极区磁场的自然衰减期可长达 100 亿年，因此，太阳的磁场长期存在是可能的。

（2） 发电机理论，它认为既然太阳的物质绝大部分是等离子体，并且经常处于运动状态，那就可以利用发电机效应来说明关于太阳磁场起源中的若干问题。

太阳球体并不是像地球这样拥有一个固态表面的刚性球体，而是一个气体球。气体球的主要特点便是在旋转过程中会存在纬向较差自转，如图所示，在太阳赤道的自转周期大约为 25 天，随着纬度增加，自转速度逐渐变慢，周期变长。例如，在纬度 30° 处的自转周期大约为 26 天，而在纬度 50° 处的自转周期延长到 28 天，纬度 75° 处甚至延长到 35 天。太阳的较差自转使光球下面的水平磁力线管缠绕起来，到一定时候，上浮到日面，形成双极黑子。由于大量的双极黑子磁场的膨胀

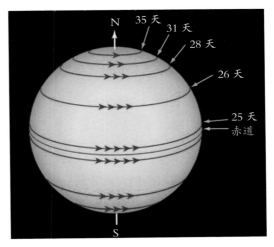

图 41　太阳的纬向较差自转

和扩散，原来的磁场被中和掉了，接着就会出现极性相反的普遍磁场。这样就可以解释太阳的 22 年磁周期特征。这是解释太阳活动区磁场的主要理论。

对于太阳宁静区的磁场，理论家们提出可以用太阳对流层的对流运动产生的局地发电机过程来解释。即在对流运动驱动下，太阳局地的等离子体在外磁场中运动会产生一种电流——犹如运动导体在磁场中做切割磁力线的运动时感生电流那样，该电流又会激发一种新的磁场，从而形成宁静区的磁场的主要部分。从这里我们可以看出，太阳发电机过程是需要一定的种子磁场的存在的，那么这种种子磁场又是如何产生的呢？也许就是前面提到的化石学说所阐述的那种磁场。然而，目前科学家们还无法给出一个准确的答案。

什么叫磁制动？

我们知道，磁力刹车是最近几年来为了保证过山车在最后进站前的安全而新设计的一种刹车形式，称为磁制动，比用摩擦力来使列车减速更稳定，而且不受下雨天刹车打滑等因素的影响。大家知道吗，在太阳的转动过程中，也存在类似的磁制动刹车方式，这又是怎么回事呢？

我们知道，太阳存在自转，平均自转周期大约为28天。可是，根据科学家们的观测和研究发现，太阳的自转是在逐渐缓慢减速的。导致这种减速的主要原因有两个，其中一个是太阳系的行星引力刹车，也就是说太阳系各行星绕太阳公转时，在太阳上通过引力产生一种引潮力，通过行星引潮力将从太阳带走部分自转角动量，从而使太阳自转减慢。此外，还有另外一种减速机制，那就是磁制动。太阳日冕具有百万开以上的高温，是由电子和质子及少量其他原子核构成的等离子体。由于高温，粒子的热运动动能较大，可以克服太阳的引力向行星际空间膨胀，形成不断发射的一种较稳定的粒子流，这就是太阳风。这些挣脱了太阳引力的高速粒子流沿着日冕磁力线，以每秒200~800千米的速度飞向行星际空间。在太阳附近，太阳风的流线基本沿径向行进；在远离太阳的

图 42 太阳喷发物质的同时
也带出磁通量和角动量

区域，太阳风流线由于受太阳自转的影响，沿阿基米德螺线行进，形成这种结构的主要原因是太阳磁场。因为太阳风等离子体与太阳磁场冻结在一起，随着太阳风的向外传播，同时可以带走太阳的部分角动量，引起太阳自转减慢，这种减慢的过程便称为磁制动（Magnetic braking）。

　　磁制动的物理过程是这样的：由于存在太阳磁场，在距离太阳中心 r_A 半径以内的太阳和太阳大气都做刚性同步转动，这里 $r_A \gg R_s$，称为太阳的阿尔芬半径。空间飞行器 Helios 探测结果表明：$r_A = 12R_s$。在阿尔芬半径之内，太阳物质的角动量密度随距离 r 的增加而增大；在阿尔芬半径以外，由于磁场较弱，不能促使太阳大气随太阳一起做刚性转动，逃逸物质的角动量保持不变。这样，太阳角动量的损失率就从 $\Omega R_s^2 \dfrac{dm}{dt}$ 变成 $\Omega r_A^2 \dfrac{dm}{dt}$，由于 $r_A \gg R_s$，所以，由于太阳磁场的存在，大大加快了太阳角动量的损失率，导致太阳转动减慢，这就是磁制动过程。

　　其实，除了太阳风导致太阳自转角动量损失外，其他太阳活动，如日冕物质抛射、喷流等也同样会导致太阳角动量的损失。我们知道，日冕物质抛射的发生频率是随太阳活动周而变化的，在太阳活动周的峰年，日冕物质抛射发生频繁，带走的太阳角动量多；在太阳活动周的谷年，日冕物质抛射少，带走的太阳自转角动量少。因此，太阳自转速度的减慢过程不是均匀的，而是随时间而变化的。精确探测这种变化，将有助于我们了解太阳的演化过程。

　　太阳风和太阳爆发活动产生的磁制动效应导致太阳自转减慢，这很可能会影响到太阳子午环流的速度大小，从而引起太阳磁场变化。但是这种变化究竟朝什么方向演变，由于观测有限，目前还无法下结论，有待未来的科学家们继续探索。

太阳磁通量管是怎么形成的？

在高分辨率的太阳紫外和极紫外成像望远镜的观测中，我们常常会看见如图43所示的情形，即在太阳大气中出现许多细环状的结构，所有的环都扎根于太阳光球表面磁场较强的地方，如太阳黑子区域或网络磁场的节点上，有时还会跨越不同的活动区（称为跨活动区环），甚至跨越太阳赤道，从北半球延伸到太阳南半球上。这样的环状结构，我们通常称为太阳磁通量管，其长度可以从几千千米到数十万千米不等，而宽度则从不到1000千米到数千千米，几乎完全决定了太阳大气的空间结构特征。那么，太阳磁通量管是怎么形成的呢？

我们知道，太阳大气是由稀薄等离子体组成的，由于存在磁场，等离子体中的所有带电粒子都将绕磁力线做回旋运动，磁场越强，回旋半径越小，最终导致绝大多数等离子体都沿磁场分布，这样的过程在等离子体物理学中称为磁冻结原理，指等离子体与磁力线冻结在一起，磁力线弯曲成环状，等离子体也沿环状磁力线分布，磁场运动必将带动等离子体运动，等离子体的运动也将带动磁力线一起运动。这样，原本没有质量的、假想中的磁力线便被赋予了有一定质量、运动过程中也有一定动量的实体，这样的实体，便被称为磁通量管。

磁通量管一旦形成，便要求与周围气体实现静力学平衡。在磁通量管内部，存在两种压强成分，一个是因为磁场而产生的磁压强 P_m，与管内磁场强度的平方成正比；另一个成分则是等离子体的热压强 P_t，与等离子体的温度和密度的乘积成正比。磁通量管要与周围气体实现静力学平衡，就要求管内压强与管外压强 P_0 达到平衡 $P_m + P_t = P_0$。由于管外的磁压强可以近似忽略，因此，根据压强平衡关系 $P_m + P_t \cong P_0$ 可得：管内等离子体的密度小于管外密度。于是，磁通量管便受到一个向上的浮力，称为磁浮力（Magnetic buoyancy）。在磁浮力的作用下，磁通量管向上浮动，

图 43　太阳磁通量管就是由磁场约束的充满等离子体的管状结构

穿过太阳光球表面，进入太阳色球和日冕大气中。

　　磁通量管的形成过程可以看成太阳活动区形成的一个基本过程。大量磁通量管在太阳光球内部某处集中形成并上浮到太阳光球表面和延伸到太阳大气的过程，其实质就是整个太阳黑子活动区的形成过程，通常也将这个过程称为新浮磁活动区。

　　太阳磁通量管有大有小。大尺度磁通量管可以跨越不同的太阳活动区，甚至跨越太阳的南北半球，长度可达数十万千米，高度可延伸到太阳高层日冕大气中；小尺度的磁通量管的长度可以小至目前望远镜的观测极限附近，仅仅只有几百千米，其高度也仅仅只能到达太阳色球层附近。

　　磁通量管构成了太阳活动区的基本单元，通过磁通量管的剪切运动、相互碰撞和相互作用，从而触发了相关的磁场能量释放和物质转移。

什么叫太阳子午环流？

太阳内部物质存在整体上的循环运动，除了在纬向较差自转而引起的物质空间上的转移外，1992年，通过当时刚刚发射不久的太阳探测卫星SOHO的观测，人们发现，太阳上还存在一种接近表面的稳定流向极区的子午环流。那么，什么叫太阳子午环流呢？

所谓太阳子午环流（Meridional circulation），是指太阳表面附近子午面内的环流系统。其物理图像是：由于太阳自转，光球表面以下的对流层物质的运动受到科里奥利力的作用而产生扭曲，对流能量的传输依赖于纬度，在太阳表面附近从赤道向极区流动，而在太阳对流层底部则从极区向赤道流动，形成闭合的环流，称为太阳子午环流，其流线如图44所示。

太阳子午环流的流动速度通常都非常小，在太阳表面附近为20～30米/秒。由于太阳同时还存在多种其他形式的运动，如太阳自转、小尺度对流、声波振荡等，这些运动的速度都远大于上述子午环流的速度。因此，对子午环流的观测证认就变得非常困难。1997年，科学家们第一次用局地日震学方法明确得到了太阳表面以下存在子午环流的证据。他们通过测定太阳北向和南向声波传播时间的差异，发现子午环流可以一直延伸到整个太阳对流层的底部，流动方向的转

图44　太阳子午环流

折点出现在大约 0.8 倍太阳半径的地方，这里的流速大约为每秒 3 米。

太阳表面附近子午环流的存在表明在子午圈方向上存在能量、角动量和磁场的转移，可能是太阳纬向较差自转的重要原因，它为许多太阳内部动力学模型和发电机理论提供了关键性的约束。例如，理论分析表明，只需要很小的环流速度，就足以解释观测到的太阳表面纬向较差自转。不过，理论也同时发现，如果太阳大气中的黏滞系数是各向异性的，则无须子午环流，也同样可以解释太阳表面纬向较差自转。在太阳活动周起源的发电机模型中，子午环流将太阳黑子的后随极性磁场输运到太阳极区，形成极区磁场；在对流层的底部强较差自转产生了环向磁场，并被子午环流推动向太阳赤道迁移，形成太阳黑子随时间演化的"蝴蝶图"。在这个模型中，子午环流决定着太阳黑子活动的周期，是维持发电机机制的关键环节。

科学家们利用日震学手段研究发现，在太阳表面以下大约 20 万千米附近（大约 0.72 倍太阳半径），存在一个速度高度剪切的区域，其厚度只有 1.3 万～6.0 万千米，即太阳半径的 2%～9%，这一区域被称为 Tachocline 层，即太阳强剪切层。理论家们推断，太阳强剪切层正是子午环流的下边界，是对流区与辐射带之间的过渡区域。太阳磁场和太阳活动很可能就是从这里开始孕育并逐步演化而来的。因此，太阳强剪切层的研究自发现以来一直受到太阳物理界和研究恒星活动的其他天体物理学家们的高度重视。

太阳上有个发电机吗？

常听人们提到太阳发电机，是太阳上有个发电机吗？

太阳上当然不会存在我们地球上所见过的那种发电机。不过，我们知道，太阳是一个快速转动的等离子体大火球，其内部的物质运动可以产生电流，而该电流又可以感生磁场。因此，人们把这个过程形象地称为发电机过程，这是解释太阳和其他天体上磁场起源的一个重要理论模型。

1955 年，美国著名理论天体物理学家帕克（E. Parker）首先根据磁流体力学原理，提出了太阳发电机模型（Solar dynamo），开创了从理论上探索太阳磁场和太阳活动周起源的先河。这一理论后来被巴布科克和莱顿等人进行了进一步的发展，目前仍然是太阳物理，甚至理论天体物理中的重要理论问题。

在球对称近似情况下，太阳的磁场可以分解成两个分量：极向分量和环向分量；太阳速度场则可以分解成较差自转和子午环流。因为太阳的较差自转，任何原初的极向分量的场都会在转动方向上被拉伸而产生环向分量。太阳内部的磁通量管在磁浮力的作用下浮出太阳表面形成双极黑子对，在这个过程中还会受到太阳自转产生的科里奥利力的作用，使黑子对产生一个磁倾角。帕克提出，太阳对流层中的小尺度湍流可以将上升的环向磁通量管扭曲旋转，产生极向磁场分量，这个过程被称为 α 发电机效应。巴布科克和莱顿等人则对这一过程进行了进一步的延伸：太阳内部的较差自转把极向磁场转化为环向磁场并浮出太阳表面进入太阳大气形成太阳活动区；在较差自转和超米粒湍流扩散的作用下，活动区后随极性磁场向极区迁移，与原来的极区磁场中和，导致极区磁场极性反转，并为下一个太阳活动周准备了新的极向磁场。

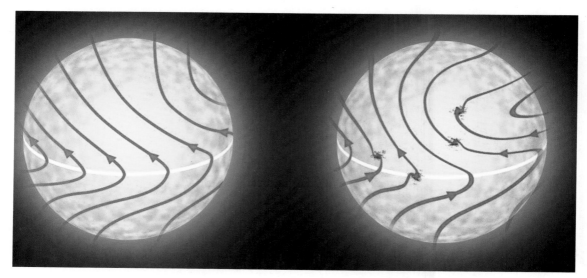

图 45　极向磁场与环向磁场的转化

　　近年来，随着一系列新型太阳空间望远镜投入观测，人们还发现，在太阳极区存在千高斯量级的强磁场；另外，小尺度磁场的观测也表明，除了上述发电机过程所阐述的磁场外，应该还存在并不遵从太阳活动周蝴蝶图分布规律的小尺度磁场的产生机制。在这一思路的驱动下，人们提出了局地发电机模型，即太阳表面附近的等离子体存在随机的湍流运动，这种湍流运动中也可能产生电流，并感应新的磁场分量，这种过程可称为湍流发电机过程（Turbulence dynamo）。正是湍流发电机过程产生了非常复杂的局部强磁场分量。

　　然而，由于湍流的复杂性，目前科学家们还没有任何办法能对湍流发电机过程给出一个定量的描述，它能否产生观测到的那些局地强磁场现象呢？科学家们目前也没有答案。这既需要科学家们对等离子体湍流进行更深入的理论研究和深刻理解，同时也需要从探测方面进行更高分辨率的太阳大气湍流特征的观测。这对理论和探测技术都提出了非常高的要求。

什么是标准太阳模型？

人们对太阳的认识逐步从表面深入到内部本质，并基于现代物理的理论基础建立了一套关于太阳内部结构特征的理论模型，称为标准太阳模型。那么，这个标准太阳模型是怎么建立起来的呢？

首先，标准太阳模型的前提是太阳辐射出来的所有能量均来自太阳核心区的氢核聚变反应。还假定太阳本体结构是稳定的和球对称的，忽略太阳自转和磁场的作用。在上述假定的基础上，分别建立质量平衡方程、压力平衡方程、能量平衡方程和能量转移方程，并建立一组有关太阳内部压强与单位体积氢核聚变产能率、物质透明度、化学成分等参数之间关系的物态方程。上述方程就构成了标准太阳模型的基本方程组。

为了获得太阳内部结构特征，需要对上述标准太阳模型方程组进行求解，这还需要确定一系列的边界条件。这些边界条件包括：

（1） 太阳的总质量 M_s。

（2） 太阳表面温度 T_0 和总光度 L_s。

（3） 太阳半径 R_s，即太阳光球半径。

（4） 太阳的原始化学组成 X、Y 和 Z。这里 X 表示氢的质量比例，Y 表示氦的质量比例，Z 表示除了上述两种元素外的其他所有元素的质量和在太阳总质量中所占的比例。很显然，这里应该有：$X+Y+Z=1$。一般都采用下列构成：$X=0.71$，$Y=0.27$，$Z=0.02$。

（5） 太阳年龄 t_s，一般认为陨石是在太阳和太阳系形成之初产生的，因为是太阳系最古老的天体。同位素测定的陨石年龄大约 46 亿年，因此推断太阳的年龄也大约 46 亿年。

在上述边界条件的约束下求解标准太阳模型的基本方程组，就可以得到有关太阳内部的结构特征：

（1） 太阳有一个高温、高密度的产能核心区。

（2） 太阳核心区氢的丰度明显低于太阳的平均丰度，在日心附近，X 大约只有 0.35。

（3） 大约在距离日心 0.72 倍太阳半径的地方，温度下降到大约 200 万开，不透明度急剧增加，从而使温度梯度超过了西瓦兹恰尔德判据，形成对流。

（4） 预言了太阳中微子流量。

对于前三个预言结果，人们通过一系列日震学的探测给予了证实。但是，自 20 世纪 60 年代以来的多个中微子探测实验结果都比上述第四个预言给出的应该探测到的中微子数量少了一倍以上，这便是历史上著名的"中微子失踪之谜"。到底哪里出了问题呢？

我们知道，有关中微子的性质和产生机制都是通过粒子物理标准模型给出的。在粒子物理标准模型中，中微子是没有静止质量的基本粒子，它一旦产生就不会消失。但是，自 1998 年开始，日本科学家梶田隆章等人通过超级神岗实验以确凿证据证实，中微子具有振荡现象，即一种中微子自源区产生以后，在传播过程中会转化成其他类型的中微子；加拿大科学家阿瑟·麦克唐纳在 2001 年也通过 SNO 实验进一步证实失踪的太阳中微子确实转换成了其他类型的中微子。不同类型的中微子可以互相转换，这表明中微子是存在静止质量的。于是，粒子物理标准模型并不完备，而标准太阳模型则很可能是正确的。

标准太阳模型只用少数几个方程描述整个太阳的基本特征，但它对物理原理的运用却是相当缜密的，牵一发而动全身。例如，当调低太阳核心温度时，就必须同时调节太阳内部元素比例等参数的大小，但是这些参数是需要与日震学的探测结果一致的，迄今日震学的探测结果似乎都支持标准太阳模型。

什么是非标准太阳模型？

实事求是地说，目前为多数人所接受的标准太阳模型受到的检验是非常少的，除了日震学验证和中微子探测外，几乎再也没有更多的探测验证了。而目前的日震学和中微子探测几乎都存在较大的误差，因此，标准太阳模型还存在很大的不确定性，为一系列非标准太阳模型的提出留出了余地。那么，什么叫非标准太阳模型呢？

与前面的标准太阳模型不同，非标准太阳模型考虑了一些新的因素，这些因素包括太阳重元素含量Z、太阳内部的快速自转、内部磁场、含暗物质丰度等。下面介绍几个典型的非标准太阳模型。

（1）含暗物质的太阳模型

既然在宇宙中暗物质的含量远多于普通重子物质，那么假定太阳中也存在一定数量的暗物质也是合情合理的，毕竟太阳是整个太阳系引力最强的天体。

目前，人们并不知道暗物质到底是由什么粒子组成的。根据迄今所有天文学观测和实验室检测的结果，大家公认的暗物质粒子应该具有如下特点：

- √ 具有可观的质量；
- √ 与其他粒子的作用非常弱；
- √ 在太阳中的平均自由程非常大。

因此，如果太阳内部存在暗物质粒子，它们可以将核聚变反应过程中释放的能量以动能的形式非常有效地向外部传输，太阳内部无须很高的温度就可以使太阳具有目前的光度。这同时也意味着太阳中心的温度可以比标准太阳模型给出的 1500 万开更低一些，这样就可以使太阳中微子的数量大为减少，与目前的中微子探测结果一致。而且，非常有意思的是，这种推断的结果与目前日震学的观测结果是基本吻合的。在这里，最大的疑问是暗物质到底是什么？暗物质粒子在核聚变反应过程中如何与核子发生相互作用并吸取能量？

（2）含内部小尺度强磁场的太阳模型

根据磁流体力学，我们知道，磁场具有磁压。因此，如果太阳内部存在小尺度的强磁场，可以降低气体热压强，也就是可以降低太阳中心区的温度，从而使太阳核心区产生的中微子数量减少。计算表明，如果需要磁压达到气体热压强的 10%，则需要在太阳中心产生强度达到 10^5 特斯拉。在这个模型里，存在的主要问题一个是在太阳内部如何产生如此强的磁场？另一个问题则是由于欧姆扩散效应，如此强的小尺度磁场，其寿命一定是非常短暂的，如何维持该小尺度强磁场呢？

（3）低 Z 太阳模型

前面我们介绍过，在太阳物质组成中，Z 指的是除了氢和氦以外的所有其他元素，即通常所称的重元素含量。根据太阳大气的光谱分析结果，Z 值大约为 0.02。在标准太阳模型里，通常也将 Z=0.02 作为边界条件之一对方程进行求解。但是，如果我们将 Z 值降低到 0.001，则可使理论预期的太阳中微子流量降低到和观测值吻合的水平上。恒星物理的研究表明，Z=0.001 是星族 II 恒星的典型值，而通常人们认为太阳属于星族 I 的恒星，是第二代的恒星，它的 Z 值应该比星族 II 高一个数量级以上。也有人认为，Z=0.02 这个值是根据太阳大气的光谱分析得到的，在太阳内部很可能没有这么高。太阳大气的高 Z 值是由太阳形成以后在星际介质中运行时捕获了大量高 Z 值星际尘埃的结果，即俗称脏太阳模型。很显然，对脏太阳模型的验证也是非常困难的。

不难看出，几乎所有的非标准太阳模型都还存在着一些这样那样的非常难以证实的问题，有待人们继续研究。

太阳米粒组织是如何形成的？

在地球大气视宁度很好的情况下，用高速摄影的太阳白光望远镜得到的太阳白光照片上，可以看到太阳表面呈密密麻麻不规则排列的米粒状的结构，称为米粒组织，英文叫 granulation。太阳米粒组织的直径平均为 700 ~ 1400 千米，大的可达 3000 千米，米粒间距也大约为这个数量级；米粒越大越亮，其亮度比周围背景亮 10% ~ 20%，相应的温度差约 300 开；米粒间区域相对较暗，宽度在 200 ~ 300 千米；单个米粒的平均寿命约 8 分钟，个别米粒可达 16 分钟；整个太阳表面的米粒数大约有 400 万个。那么，太阳的这种米粒组织是怎么形成的呢？

我们知道，光球实际上是沸腾的太阳对流层的顶层，巨大的对流气体元向上流动到太阳表面，释放出辐射热量，然后变成较冷的气流从气体元的周围边界向下流回对流层。因为上升的气体元中心较热，下降的边缘较冷（米粒中心与边缘的温差至少达 100 开以上），于是，在光球表面形成了中间亮四周暗的米粒状组织。因此，米粒组织是太阳光球层中气体对流引起的一种日面结构。

对太阳米粒组织的光谱观测也发现，在米粒的局部存在多普勒频移现象。根据频移可计算出米粒的中心有每秒 0.4 千米左右的上升速度，并有每秒 0.25 千米的水平外流速度。有时还可以看见一种寿命大约为 10 分钟的特别明亮的爆发米粒，以每秒 1.5 ~ 2.0 千米的速度膨胀成环状，然后破裂。

为了证明对流运动确实能产生米粒组织，人们曾在实验室里对油槽底部进行加热，并在油的表面撒上铝粉便于观察，当油开始沸腾时，对其表面进行高速摄像，结果发现，在油的表面上出现类似于太阳米粒组织的图像，这表明，太阳米粒组织确实是太阳内部的对流气团冲击光球表面而产生的图样。进一步的数值模拟也同样得到类似的图样。

目前人们一般认为，米粒组织所涉及的这部分对流主要是由光球下层氢原子复合和再电离引起的，其厚度大约为2000千米。在这个对流层的下边界处，氢离子与电子复合成氢原子，释放出的复合能加热气体，使其温度略高于周围气体，而密度略低于周围气体，从而不断上升；当上升到光球表面，因向外辐射损失能量，从而导致温度降低，于是气团下沉。因这一层的对流主要是由氢的复合和电离引起的，这一层也称为氢对流层。

高分辨率的磁场成像观测还发现，米粒组织的边缘磁场强度显著高于米粒组织的中心区域。这种在米粒组织边缘的相对较强的磁场是如何产生的呢？这一问题尚待科学家们开展更深入的研究去寻找答案。

图46　太阳米粒组织

超米粒组织是什么？

19 54 年 Hart 用光谱测定太阳自转速度时，发现光球上层存在一种尺度和时标都比米粒组织大的主要由沿日面水平方向流动的对流元胞结构，元胞中心存在缓慢上浮的物质流动，速度 < 0.04 千米 / 秒；从中心向边界的水平流动速度为 0.3 ~ 0.5 千米 / 秒，在元胞边界存在下沉流动，下沉速度大约比中心区域上浮速度快一倍，为 0.1 公里 / 秒左右，不过，并非所有元胞边界都存在向下的流动速度，向下流动主要集中在一些离散的点上，在多个元胞交界处向下流动最显著；元胞的直径 2 万 ~ 6 万千米，平均 3.2 万千米；寿命从几小时到 1 ~ 2 天。这种比米粒组织还大许多的对流结构称为超米粒组织（Supergranulation）。

观测发现，整个可见宁静太阳半球大约同时存在 2500 个的超米粒组织。不同超米粒组织的气体流动样式基本相同，极区和赤道区的超米粒组织之间没有显著差异。超米粒中心区域和边缘存在垂直速度证实超米粒组织是由对流引起的。对超米粒进行的磁场观测发现，超米粒表面的纵向磁场强度约为 2 高斯，而在多个超米粒边缘的会合区域，纵向磁场的平均强度可达 50 高斯左右。超米粒组织与光球网络磁场、色球网络结构均具有非常好的对应关系。这不仅表现在超米粒中心区域的气体上升运动和边缘处的气体下降运动都至少渗透到色球下，而且，根据多通道太阳磁象仪的观测，下降气流与磁斑、网络亮点之间存在着很好的对应关系。超米粒边缘处的下降运动呈现为一束束孤立的、直径为 7000 ~ 10000 千米的下降气流，而超米粒边缘的磁场其强度可高达 100 高斯，两者在位置、大小、形态上有很好的对应关系。在数值上，磁斑的磁场强度和下降气流的速度也呈线性相关。

根据磁流体力学原理，当等离子体热压力大于磁压力时，等离子体运动决定了磁场结构，超

111

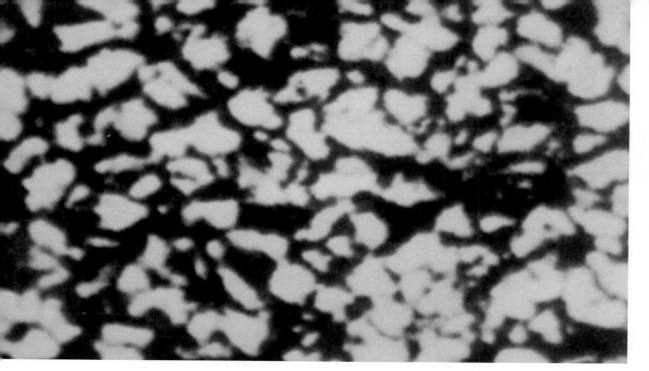

图47 超米粒组织

米粒中心区域向四周边缘的水平运动将磁力线集中到边缘，几个超米粒边缘会合处便是等离子体向下流动汇聚得最为急剧的地方，形成下降气流；同时，这里也是磁力线最为集中的地方，因而形成磁斑。密集的磁力线向上贯穿、伸延，所经过的光球、色球区域因磁场产生的过量加热使局部温度升高而成为网络亮点。于是出现光球网络和色球网络。磁力线进入色球后，由于气体密度的急速下降，磁压力超过等离子体热压力，于是磁力线发散，磁场结构制约等离子体的运动，因此随着高度的逐渐增加，网络的粗糙程度也逐渐增大。这样的理解描述出了一幅简明的动力学图像。

与米粒组织对应氢离子与电子的复合驱动的对流类似，超米粒组织对应于二次电离氦（He Ⅱ）与电子复合驱动的对流。从太阳光球表面向下3万千米深处，氦的电离度变化最大，因而形成对流驱动力。

除了米粒组织、超米粒组织外，人们通过观测还发现，太阳可能还存在中米粒组织、巨米粒组织等，前者对应尺度大约为7000千米，与氦的一次电离—复合位置相当；后者则与太阳的全球对流相当，可能延伸到太阳对流层的底部。

112

太阳上也有地震吗？

地球上存在一些地震活动带，时而会发生强烈的地震。那么，在太阳上也有类似于地震那样的振动吗？

20 世纪 60 年代，美国天文学家 Leighton 等人发现，在太阳大约三分之二的表面上任何一点都在不停地一涨一缩地上下振动，大约每隔 296 ± 3s 震动一次，在 1000 ~ 50000 千米范围内，震动的步调是基本一致的，一些气流冉冉升起，另一些气流徐徐下降，如同浩瀚的大海，5 分钟就出现一波巨浪，浪高可达 25 千米。振荡气体的平均运动速度为 0.5 ~ 1.0 千米 / 秒。后来人们将这种振荡现象称为太阳 5 分钟振荡。一般认为 5 分钟振荡的产生与光球下面的太阳对流层密切相关，是捕获在光球表面以下的一种驻声波波模。人们还利用标准太阳模型计算，证实了上述 5 分钟振荡是一种驻声波的解释。

太阳 5 分钟振荡的发现表明，太阳不但存在振荡，而且振荡是一种非常普遍的现象。后来，人们还发现了太阳 160 分钟周期的振荡。不过，对于该 160 分钟振荡的物理模式至今尚无法给出一个合理的理论解释，还需要更多观测方面的研究。

从原理上说，太阳振动除了多普勒速度外，也应该在其他物理量如辐射强度、温度，甚至太阳直径等方面有所响应。不过，由于探测精度的问题，在这些物理量上的探测一直没有得到认可。例如，美国亚利桑那大学用天文方法检验相对论的 SCLERA 实验就一直进行太阳直径的长期测量，发现太阳直径似乎存在周期为 10 ~ 120 分钟的振荡，但该结果一直没有得到其他实验的证实。

在太阳振荡的观测方面，则尽量延长观测时间，将若干个观测台站组成联合观测网，例如美国国立天文台组建的 GONG，就是由位于不同经度的 6 个观测站组成，进行具有空间分辨的太

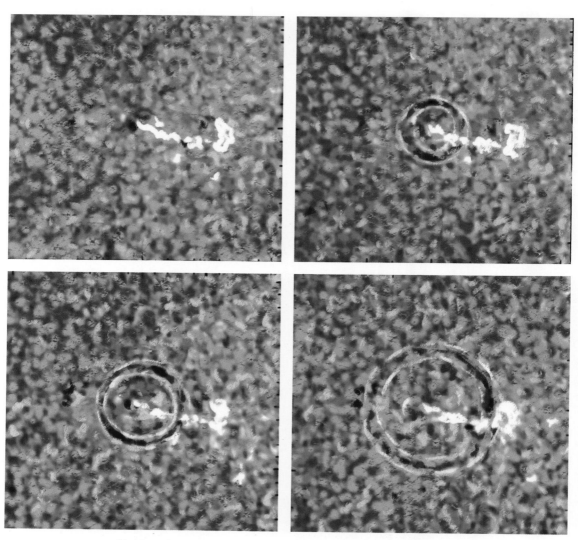

图 48　1998 年 *Nature* 发表的太阳表面局部区域日震波的图样

阳成像多普勒位移测量。每个观测站都安装了 3 个太阳振动探测器，分别是太阳振动探测器（SOI）、低频全球振动测量仪（GOLF）和全球振幅变化探测器（VIRO）。

在地震学（Seismology）中，利用地震波的传播特征可以反演地球内部的结构特征，所谓地壳、地幔和地核的分层及其位置、物质的状态等信息就是利用地震学探测给出的。与此相似，对太阳振荡的研究也衍生出了一门新的学科——日震学（Helioseismology），专门研究太阳各种振

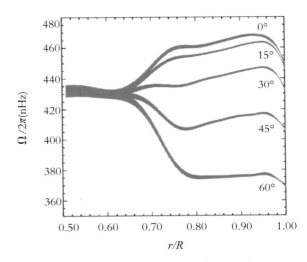

图 49　日震学探测给出的在太阳不同深度和纬度处的转动角速度分布

荡模式，并应用于探测太阳内部结构特征。太阳物理学家们估计，太阳上日震的模式超过百万种，利用日震学探测数据，太阳物理学家能够推断太阳内部的温度、密度、压力、组成、运动与转动特征，并验证太阳模型。

利用日震学的探测人们发现，太阳的较差自转不仅表现在不同的纬度上，还表现为在不同深度其转动角速度也不同。图 49 便是美国斯坦福大学太阳物理学家赵俊伟博士利用日震学方法探测得到的在不同纬度和不同深度处太阳转动角速度的分布。从中可见，从光球表层至大约 0.05R 深处（这里 R 表示太阳光球半径），在各纬度处均有一个速度加快的剪切层；在大约 0.70R 附近，也就是在太阳对流层的底部，几乎在所有纬度上都存在着很显著的速度变化，即速度剪切，这一区域也被称为强剪切层（Tachocline）。人们普遍认为，强剪切层很可能就是太阳磁场所产生的地方，也就是太阳发电机（Solar dynamo）工作的地方。

不过，迄今为止，日震学还处在非常初步的阶段，无论是观测精度，还是理论方面的研究都还很不成熟，有待深入研究。

第四章

太阳的外部大气

太阳大气是什么样的？

在发生日全食的时候，当月亮将整个太阳明亮的圆盘完全遮住以后，我们将看见太阳圆盘周围非常绚丽多彩的太阳大气。太阳黑子、暗条和日珥、针状体、冕羽等所有我们通过望远镜所能看到的太阳活动现象几乎都无一例外地发生在太阳大气中。太阳耀斑、日冕物质抛射、太阳风、太阳高能粒子发射等所有的太阳爆发过程和能量释放几乎也都发生在太阳大气中。那么，太阳大气是什么样的呢？

第一，太阳大气是非常稀薄的。太阳大气延伸空间非常广阔，可以一直到行星际空间外层，但是其总质量仅有太阳质量的100亿分之一左右，与太阳总质量相比，几乎是微不足道的。除了非常明亮的光球外，太阳色球和日冕的亮度几乎比地面白天的天空亮度还低几个数量级。

第二，太阳大气中具有非常复杂的温度变化。从太阳光球表面往上，太阳大气的密度、压强等都是逐渐降低的，但是温度却相反，从光球表面附近的5770开左右在太阳色球层迅速增加到几十万开，到日冕则增加到几百万开以上。温度为什么会如此反常地增加，科学家们至今还没有得到确切的答案，这就是著名的日冕加热之谜。

第三，太阳大气是我们通过一定的望远镜可以直接观测的。在太阳的分层结构中，太阳核心区、辐射带、对流层本身的辐射因为其上层的气体物质覆盖和全部吸收而不能到达太阳外部空间，当然也就不能被我们的望远镜直接观测到。但是，因为太阳大气非常稀薄，其辐射可以逃逸出外层空间，能被我们的望远镜观测到。

正因为太阳大气不同区域具有不同的温度和密度条件，所以我们可以选择利用不同波段的探测手段观测不同的区域。例如，对于太阳光球表面，其温度大约为6000开，这里的辐射主要集中在可见光波段，因此，我们可以利用光学望远镜对太阳光球层进行观测；对于色球层，其温度从 6000 开以上直到几十万开，辐射主要发生在紫外波段，因此，我们可以在空间利用紫外望远镜进行观测；太阳日冕的温度则在百万开以上，其辐射主要发生在极紫外波段、软 X 射线波段和射电波段。这时我们需要在空间用极紫外望远镜和 X 射线望远镜进行观测。日冕的射电波段辐射也是非常显著的，尤其是在厘米波和分米波段，该波段的辐射对地球大气是透明的，几乎不受风云雨雪的影响，因此，我们也可以在地面利用太阳射电望远镜对日冕进行观测。在太阳爆发活动的源区，常常会产生高达一千万开以上的高温等离子体和高能粒子，它们仅在少数极紫外高温谱线、软 X 射线和射电波段有响应，也只能在这些波段上进行观测。

第四，太阳大气除了光球层具有非常明亮的外边沿外，光球以外的色球层和日冕都具有外边沿参差不齐、不规则的形态，这主要是因为太阳磁场的影响。因为太阳大气，尤其是高层大气是完全电离的稀薄等离子体，在存在磁场的情况下，带电粒子均绕磁力线做回旋运动，而不能在空间自由扩散，等离子体就像冻结在磁力线上一样。也正因为如此，太阳磁场成了太阳大气结构和形态的塑造者。

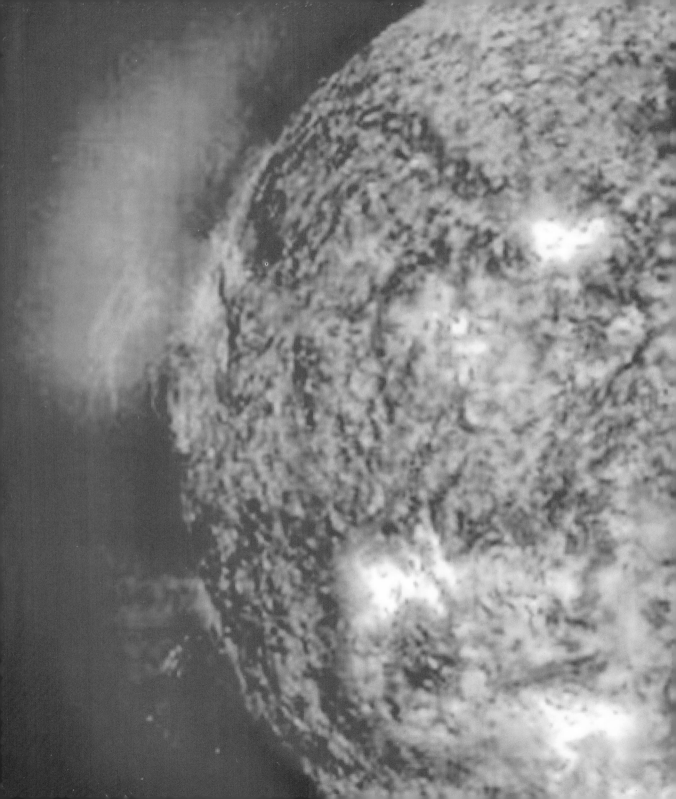

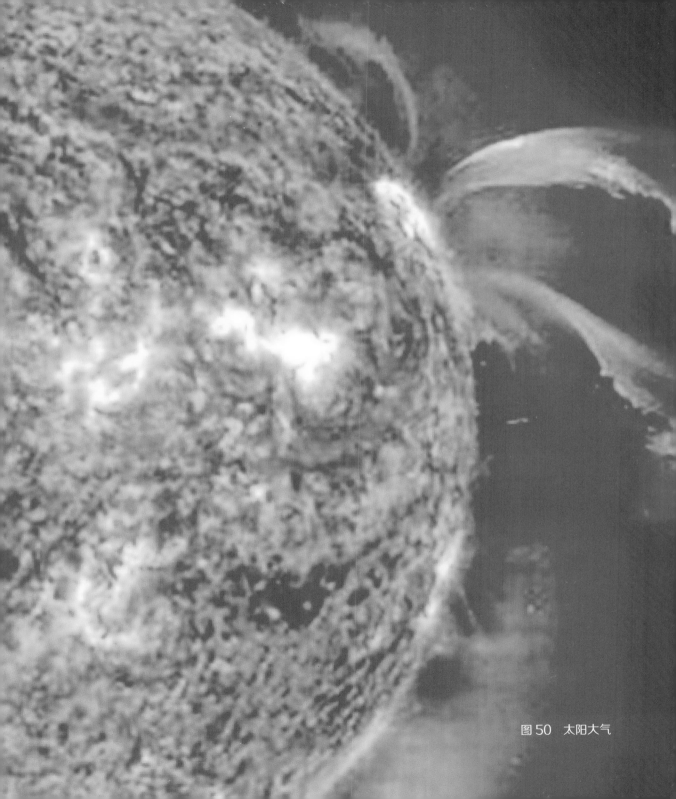

图 50　太阳大气

什么叫太阳光球?

我们在前面已经提到，太阳光球是太阳大气的最低一层，也是太阳对流层顶部以外的第一层次；太阳在可见光波段的辐射几乎全部是从光球层发出的。光球层以下的太阳内部圈层我们都是无法直接观测的。因此，当我们用肉眼观察太阳时，首先极其醒目地呈现在我们眼前的就是这个光球层，这也是它被称为光球的原因。光球的平均厚度大约为500千米，还不到太阳半径的千分之一。那么，这么薄的一个圈层又是通过什么手段来确定呢?

为了理解如何确定太阳光球的厚度，需要现引入两个物理参量。一个是光子的平均自由程 S，它表示一个光子在与周围介质中的粒子发生两次碰撞之间所走过的距离，它与介质的密度（ρ）和吸收系数（κ_λ）的乘积成反比，用公式表示就是：$S = \dfrac{1}{\rho \kappa_\lambda}$。这里，吸收系数与波长有关，是波长的函数。很显然，S 越大，光子与介质中的粒

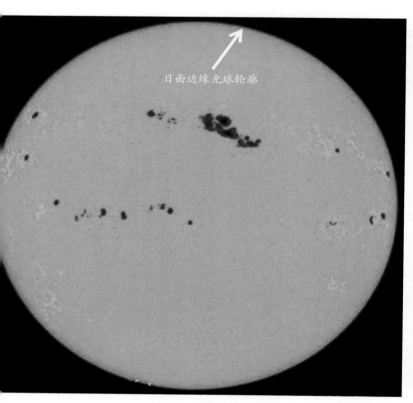

日面边缘光球轮廓

图51 太阳光球

子碰撞的机会越少，介质就是透明的。

另一个物理参量是大气压力标高 H，定义为当大气压强减小 e 倍时所经过的距离，与介质的温度和引力加速度有关：$H = \dfrac{kT}{\mu mg}$，这里，μ 为介质原子或离子的平均原子量，m 为氢原子的质量。

有了上述两个参量，我们可以理解对光球厚度的确定过程。当 S ≪ H 时，表明光子在走完一个大气压力标高的距离前，将多次发生与周围介质粒子的碰撞，即光子不容易逃逸，介质是不透明的；相反，当 S ≫ H 时，表明光子在走完一个大气压力标高的距离之前，几乎不与介质中的粒子发生碰撞，即介质是透明的，光子可以畅通无阻地向外逃逸。这一从 S ≪ H 到 S ≫ H 转变的有效发射层，就称为太阳光球。也就是说，太阳光球是对太阳连续谱辐射来说，大气从完全不透明变成完全透明的一层。

按照上述界定，对可见光来说，上述有效发射层的厚度只有 100 ~ 200 千米，只相当于太阳半径的万分之几。我们肉眼看到太阳边缘是一条非常清晰锐利的圆弧线，就是这个原因。从紫外线到红外波段的太阳主要辐射能量波段来说，有效发射层的厚度大约为 500 千米，这就是太阳光球的总厚度。

我们从地面接收到的太阳辐射功率几乎全部来自太阳光球。太阳高层大气，包括色球和日冕，虽然其体积远大于光球层，但是其辐射功率与光球相比是几乎可以忽略的。

太阳表面的边缘在哪里？

我们通常说，太阳是一个由高温气体和等离子体组成的大火球，不像我们的地球那样有一个固体的表面。那么，太阳的光球半径大约为 70 万千米又是怎么测定的呢？在上一讲里，我们讨论过，太阳光球有大约 500 千米的厚度，那么，太阳的表面在哪里？

要准确回答这个问题其实并不容易。

首先，我们需要介绍一个物理概念：光学深度。当一束强度为 I 的光在介质中传播一段距离 Δs 时，由于介质的吸收作用，强度将减弱，被吸收的数量，即减弱的多少 ΔI 与入射光的强度成正比，也与介质的密度成正比，同时还与传播距离成正比，用公式表示就是：$\Delta I = -I \kappa_\lambda \rho \Delta s$。公式中的负号表示光强减弱，公式中还有一个比例系数 κ_λ，称为吸收系数，其下标 λ 表示吸收系数是与波长有关的，是辐射波长的函数。从望远镜到辐射源的这段路径上，介质的密度、吸收系数等可能有很大差别。这时，可将整个路径分成许多段，分别计算在每一段的吸收量，然后求和，得到总吸收量。

所谓光学深度，定义为在整个路径上吸收系数、密度和路径的乘积之和：$\tau_\lambda = \Sigma(\kappa_\lambda \rho \Delta s)$。当光学深度 $\tau_\lambda = 1$ 时，表明 $\Delta I = I$，也就是入射光强被全部吸收，所有的光线都不能逃逸，望远镜也就观测不到了，我们称这时的辐射源为光学厚源；相反，当光学深度 $\tau_\lambda \ll 1$ 时，表明 $\Delta I \ll 1$，入射光线中只有少量部分被吸收，其他大部分光线都可以从介质中逃逸出来，这时的辐射源称为光学薄源。

望远镜只能看到太阳大气中光学深度小于 1 的层面发射的电磁波。因此，将光学深度 $\tau_\lambda = 1$ 时的层面定义为太阳光球表面的位置是合理的。这样，我们就可以精确定义太阳光球表面了。

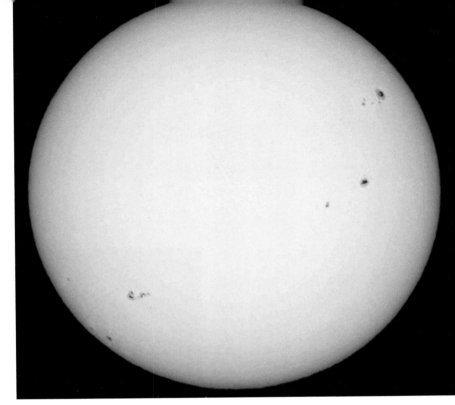

不过，正如前面所说，光学深度是与辐射波长密切相关的，利用不同波长去观测太阳，所看到的表面位置是不一样的。例如，如果我们用太阳光谱中一些夫琅禾费谱线去观测太阳时，能看到的最深处却并不在光球之中，而是位于光球以上的色球层中。那怎么办呢？由于5000埃（通常表示成Å）位于太阳辐射能量最强的波段，因此，

图52　在可见光下拍摄得到的太阳黑白图像，可清晰地看见太阳边缘

定义光球表面为波长在5000Å时的光学深度等于1所对应的辐射源的位置，规定此处的几何高度为 $h=0$。这样，我们就可以确定其他不同波段的太阳表面的位置了，例如，波长为16000Å的红外线能看到的太阳最深处位于 $h=-100$ 千米；光球层顶部向色球过渡的温度最小区的位置大约为 $h=500$ 千米；用白光观看光球边缘的位置则位于 $h=300$ 千米附近。

太阳色球是什么样的？

发生日全食的时候，在暗黑日轮的边缘可以看到一弯明亮的红光，持续仅仅几秒钟，这就是色球（chromosphere）。色球在平时是看不见的，因为它的亮度还不到光球的千分之一，平常都湮没在了光球的耀眼光辉之中。那么，太阳色球到底是什么样的呢？

以前，人们只能在日全食期间非常短暂的几秒时间里观测色球，后来人们发明了色球望远镜，在平时也可以对太阳

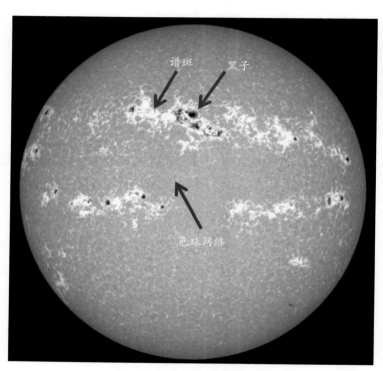

图53 太阳色球及色球网络

色球进行观测研究。通过大量观测，人们发现色球只是太阳大气的一个中间层，与上层的日冕之间没有明显的分界线，平均厚度大约为2000千米，密度非常稀薄，几乎不到水的十亿分之一。在日全食期间色球成亮红色，则是因为色球光谱中波长为6562.8埃的氢原子的 H α 谱线在亮度上占绝对优势的缘故。尤其重要的是，色球是非常不均匀的，在太阳活动区和宁静区其厚度、

温度、密度等参数都差别很大。在太阳宁静区，按照平均温度随高度的分布大致可将色球分成3层。

> 低色球层，厚度大约400千米，温度由光球顶部的4300开左右上升到5500开。气体是部分电离的，其中包括电子、离子和氢原子等，电离度大约从万分之一增加到千分之几。因为太稀薄，我们通常用单位体积中有多少个粒子数来描述气体的密度。在这一层中，随着高度增加，氢原子数密度从每立方厘米 10^{15} 个逐渐降低到每立方厘米 10^{13} 个，电子数密度则为每立方厘米 10^{11} 到每立方厘米 10^{10} 个。

> 中色球层，厚度大约1200千米，温度缓慢从5500开上升到8000开，气体也是部分电离的，随着高度增加，电离度从千分之几上升到30%左右；氢原子数密度从每立方厘米 10^{13} 个逐渐降低到每立方厘米 10^{11} 个，电子数密度则大约为每立方厘米 10^{11} 个量级。

> 高色球层，厚度大约400千米。在这一层里，温度急剧从8000开上升到大约2.5万开，并从部分电离逐步转变为完全电离的等离子体；离子和电子的密度大约为每立方厘米 10^{10} 个量级。

色球是一个充满磁场的等离子体层，在局部等离子体动能密度和磁能密度可相比拟时，能经常观测到等离子体和磁场之间复杂的相互作用。由于磁化等离子体的不稳定性，常常会产生剧烈活动现象，如耀斑、爆发日珥、冲浪、喷焰、针状体和小纤维结构等许多动力学现象都与色球有着间接或直接的物理联系。

人们常常习惯性地认为天体外层的温度总是低于其内部圈层。但是，在太阳大气层中却出现了温度的反常分布现象。在厚度约2000千米的色球层内，温度从光球顶部温度极小区的4300开左右增加到色球顶部的几万开。是什么原因导致了太阳大气温度的这种反常升温，这便是历史上著名的色球——日冕加热之谜，科学界至今还没有很好的解释。我们将在后面的章节中专门介绍这个问题。

什么叫太阳针状体？

右侧这幅图不是什么画家的艺术作品，而是 2015 年美国太阳卫星 IRIS 在紫外波段对太阳上一块长大约 1 万千米，宽约 8000 千米的区域进行高分辨率的观测得到的图像。其中扭曲管状的亮结构被称为针状体，英语里称为 spicule。在太阳边缘的高分辨率单色照片上，可以清晰地看到大量针状体类似于一些瘦长的小火舌，偶尔从色球低层腾出一束束红色火柱，直径大约 500 千米，以各种角度直插日冕低层。如果在太阳盘面观察，通常称为杂斑（Mottles）、原纤维（Fibrils）。

针状体是太阳色球最突出的特征之一，其实质是穿过太阳大气层或日冕的等离子体喷射流。从其诞生、向上喷射、逐渐落回太阳表面、回复平静，针状体的整个寿命在 5 ~ 10 分钟。喷射气流的速度大约为每秒 20 千米以上。这是罗马梵蒂冈天文台的神父安吉洛·西奇在 1877 年首先发现的。整个色球层布满了针状体，在任何时间，太阳色球中都分布有大约 10 万个针状体。看起来非常壮观。一个典型的针状体可以伸展到光球之上 1000 ~ 3000 千米的高度。有时还能观测到一些巨型针状体，可以延伸到 4 万千米高度。最近几年，随着高分辨率的空间太阳望远镜如 SDO 和 IRIS 等投入观测，人们发现，其实针状体可分为 I 型针状体和 II

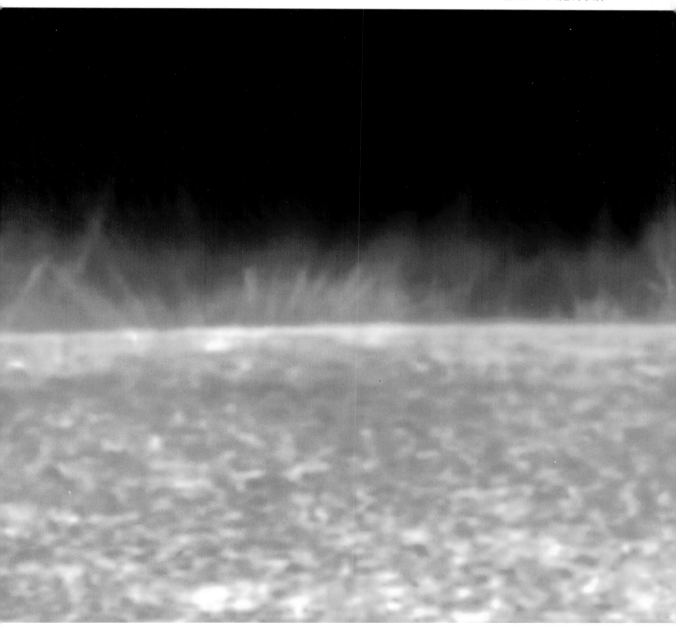

图 54 太阳针状体

型针状体。其中，I 型针状体向上喷射流的速度为 20 ~ 30 千米每秒，而 II 型针状体则有非常快的喷射流速度，可达到 100 千米每秒左右，甚至更高。

针状体通常和一些磁场较强的区域联系在一起，物质流量密度大约是太阳风的 100 倍。针状体的密度通常比周围太阳大气高，温度随高度的变化不如周围剧烈，因此大约在 1 万千米高度以下，针状体比周围热，而在 1 万千米高度以上，则比周围冷。较冷的针状体能够在百万开高温的日冕中存在，主要原因是针状体中存在的纵向磁场的作用阻止了横越磁力线的热量交换。因此，针状体边界处的温度梯度一定很大，这里也是事实上的色球与日冕的边界。

自从 1877 年人们首次观测到太阳针状体以来，一直无法合理地解释这种现象的形成过程。近年来，英国谢菲尔德大学和美国洛克希德·马丁太阳和天体物理学实验室的科学家，在报告了他们对位于西班牙加那利群岛的瑞典新建的太阳望远镜新拍摄到的图像进行的分析结果，并结合计算机模拟，提出太阳针状体从产生到消失的周期约为 5 分钟，这种 5 分钟的波动比较符合一种常见的声音波形——P 波。他们证明，P 波使太阳表面物质以每秒钟几百米的速度上扬，而太阳表面倾斜的磁场引导这些物质向太阳大气上层升起，从而形成针状体。不过，I 型针状体和 II 型针状体在形成机制方面应该是有差别的，还需要人们进行更详细的探测和理论研究。

虽然，目前对针状体的起源仍然不清楚，但是可以肯定的是在色球和日冕之间的物质和能量交换过程中，针状体起着重要作用。

什么叫太阳过渡区？

太阳过渡区，有时也称为色球—日冕过渡区，也简称过渡区（Transition region），是指在太阳色球顶部与日冕底部之间存在的一个厚度仅有 100 千米量级的薄层，温度迅速从色球顶部的 2.5 万开左右上升到百万开。在太阳光球、色球和日冕中，温度和密度的变化都相对比较平缓。然而过渡区，在 100 千米量级的距离上温度迅速陡升了两个数量级，同时，密度迅速陡降了两个数量级，表现出极强的不连续性。由于温度变化大，空间结构也具有很大的不均匀性，因此通常都采用温度来定义过渡区的范围，即指温度从大约 2.5 万开上升到百万开之间的气层。随着温度的上升，大气辐射的主体从氢、氦辐射逐渐变成了丰度较低而原子序数较高的高次电离的离子的辐射。在这个温度范围内，有一系列极紫外谱线的形成，因此，极紫外波段的观测最适合于探测和研究过渡区的动力学过程，如 C、O、Si 等的电离谱线大多数都位于极紫外波段。

我们说过渡区的厚度为 100 千米左右，这个数其实是非常不确定的。事实上，太阳大气远非简单静态分层结构所能描述的，尤其是在过渡区，其实际上是一个磁场和等离子体结构都非常不均匀、瞬变和高度动态的区域。因为底层存在色球网络和太阳活动区与宁静区的差别，过渡区的实际厚度也变化很大。利用极紫外波段不同形成高度的谱线的单色光观测发现，太阳过渡区的空间不均匀性随着高度的增加而逐渐淡化，尤其是在色球中看得很清楚的网络结构，在过渡区则逐渐消失。这种变化的原因是日冕的气压很低，等离子体已经变得非常稀薄，源自光球的磁通量管随高度增加而不断膨胀互相靠在一起。因此，过渡区是磁流管迅速膨胀和网络结构逐渐淡化的区域。也正因为如此，在过渡区，磁力线也基本不与日面垂直，而是成锥形向上延伸。

另外，高分辨率的观测中还常常发现，在过渡区存在大量瞬变现象，例如前面已经介绍过的

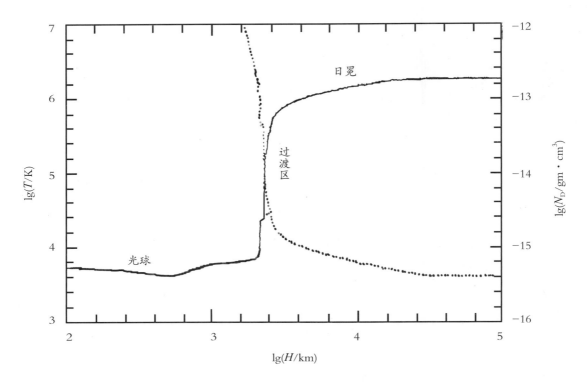

图 55　从太阳光球表面到日冕温度和密度的变化

针状体,除此之外,还有闪烁物(Blinkers)、爆发事件、微耀斑(Microflare)和纳耀斑(Nanoflare)、亮点等。其中,闪烁物的明亮区直径的典型值大约 5000 千米,寿命从几分钟到 1 ～ 2 小时,伴随有向上的喷发物,喷发速度 10 ～ 25 千米/秒,常与较强的单极磁场相联系。过渡区的爆发事件则以双向等离子体喷流为主要特征,喷流速度高达 50 ～ 200 千米/秒,平均寿命大约 1 分钟。过渡区的上述瞬变现象的形成,一方面可能与太阳大气中各种形式的波具有密切的联系,同时也可能与过渡区高度上的能量释放,如小尺度磁场重联有重要联系。但迄今还没有一个被大家公认的理论来解释这些现象。

什么叫日冕？

日冕是太阳大气的最外层，从色球边缘向外一直延伸到行星际空间。广义的日冕则包括太阳风所能达到的所有空间范围。

日冕本质上是完全电离的稀薄等离子体，主要成分为电子、质子和高次电离的离子。由于非常稀薄，其辐射也非常弱，太阳边沿的日冕亮度只有太阳光球亮度的百万分之一；而在日心距 $5R_s$ 的地方的日冕亮度仅有光球亮度的 10 亿分之一。作为对比，白天海平面附近的天空亮度则为太阳光球的百分之几到千分之一。可见，平时日冕是看不见的。

日冕可分为内冕、中冕和外冕三层。内冕从色球顶部延伸到日心距 $1.3R_s$ 处；中冕从 $1.3R_s$ 到 $2.3R_s$，也有人把日心距 $2.3R_s$ 以内统称内冕；大于 $2.3R_s$ 以外的所有区域称为外冕。

日冕温度在 100 万开以上，等离子体数密度为每立方米 10^{15} 以下。由于日冕的高温低密度，它的辐射很弱且处于非局部热动平衡状态，除了可见光辐射外，还有射电辐射、X 射线、紫外线、远紫外辐射和高次电离离子的发射线等。此外，带电粒子运动速度极快，以致不断地有带电粒子拥有足够的动能可以挣脱太阳引力束缚，射向外层空间，形成太阳风。另外，日冕磁场强度从几百高斯到 1 高斯以下，且随其与日面距离的增加而减小。

对日冕的观测，除了利用日全食期间进行观测外，1931 年，法国天文学家李奥特发明了日冕仪，从而使人们在阳光普照时也能够对日冕进行观测。不过，日冕仪需要放置在海拔 2000 米以上极为晴朗的高山地区，以减少天空散射的影响。此外，在厘米波到米波段的射电辐射、极紫外波段和 X 射线等均来自于日冕辐射，因此，利用地基射电望远镜和空间探测器上的极紫外望远镜和 X 射线望远镜也可以长时间地观测日冕。

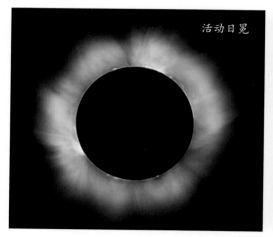

图 56 活动期（左图）和宁静期（右图）的日冕形态

　　总体上说，日冕是非常不均匀的，并且在活动的峰年和宁静年，其形态有很大差别，如图 56 所示。实际上，日冕并没有突出的边缘，而是不断延伸，逐渐与整个太阳系融为一体，并在延伸的过程中逐渐减弱，直到对行星的运动无法构成任何可观的影响为止。太阳蕴含的热量将驱使带电粒子沿不同的方向向太阳外部迸射而形成太阳风，美国物理学家 E. Parker 于 1959 年时曾经对此做出预言。1962 年，水手 –2 号探测器抵达金星时探测到的结果验证了这个预言。这种带电粒子的迸射被人们称为"太阳风"，其速度为 400 ～ 700 千米 / 秒。

　　日冕中最引人注目的事件莫过于太阳耀斑和日冕物质抛射等剧烈爆发活动了。这些事件引起太阳大气中大规模的能量释放和物质的抛射过程，并直接影响着我们近地空间环境和现在高科技系统的安全运行。我们将在后面的相关章节中进行介绍。

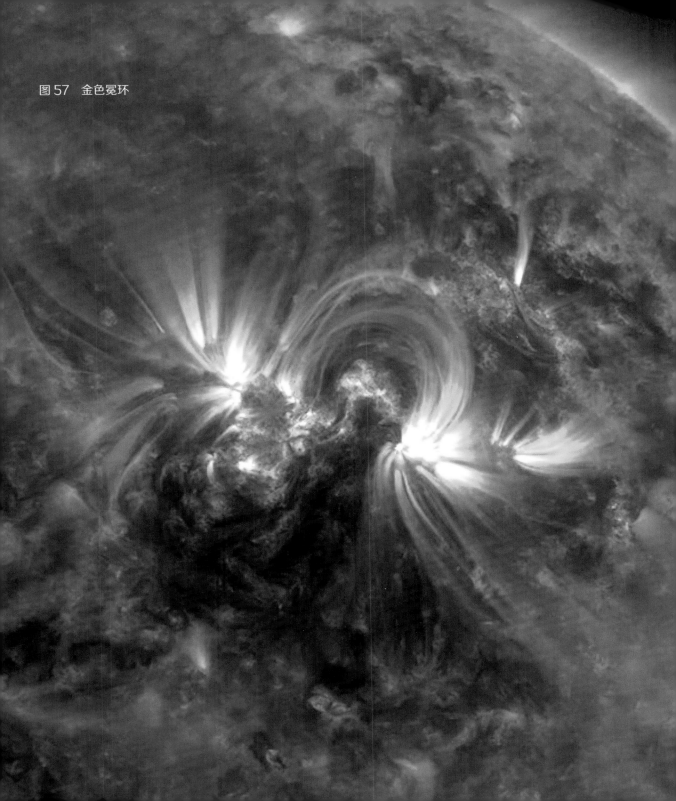

图 57　金色冕环

散射日冕和发射日冕有何不同？

在光学波段观测到的日冕辐射实际上包含多种成分，部分来自于日冕等离子体或行星际尘埃对光球辐射的散射，还有部分辐射则直接来自于日冕本身的辐射，前者称为散射日冕，后者称为发射日冕。

所谓散射日冕，指在望远镜中看见的电磁波不是直接从日冕发射的，而是来自于其他圈层发射的电磁波的散射。引起散射的媒介主要有两种。

（1）自由电子散射。日冕等离子体中存在大量的自由电子，它们对光球辐射的散射，通常称为汤姆孙散射（Thomson scattering）。日冕自由电子的散射光也被称为 K 冕辐射。K 冕辐射的强度与被光球照射的电子数成正比，相应地也与日冕等离子体的密度成正比。在高度太大的日冕区域，由于等离子体太稀薄，因此其电子散射的强度太弱。比较显著的 K 冕辐射主要集中在日心距 $1.3R_s$ 以内，这个区域的日冕通常也称为内冕。K 冕辐射的能谱分布与光球连续谱辐射是非常相似的，只是强度低了 5 ~ 6 个数量级。由于日冕具有百万开以上的高温，自由电子的运动速度非常大，产生的多普勒谱线加宽已经将所有的夫琅禾费谱线之间的空隙填满而平滑了。因此，在K 冕辐射中无法观测到线谱发射。正因为 K 冕辐射与电子密度成正比，我们可以通过 K 冕的亮度分布求得日冕等离子体的密度。另外，因为 K 冕距离太阳表面较近，磁场较强，辐射具有显著的偏振特征，偏振度约为 20% ~ 70%，其偏振辐射的磁矢量主要沿太阳的径向。

（2）行星际尘埃散射。在行星际空间存在大量的尘埃云，主要分布在黄道面附近。这些行星际尘埃粒子对光球辐射的散射，称为 F 冕辐射，有时也称内黄道光。由于尘埃粒子的尺度通常都远大于可见光的波长，其散射光强受波长的影响很小。而且，由于尘埃粒子的运动速度很小，所引起的多普勒谱线展宽效应非常弱，可以忽略。因此，经过尘埃散射以后，光球辐射的夫琅禾费谱线得以保留。因此，F冕辐射存在线谱，与光球辐射完全相似，只是强度弱了5～6个数量级。F冕辐射在日冕辐射中的比例随距离的增大而增加，在黄道面上可以延伸到几十倍太阳半径处。在冬春季节的日落之后或夏秋季节的日出之前地平线上太阳附近的黄道方向延伸的微弱光锥，称为黄道光，便是F冕辐射。

日冕本身的温度达百万开以上，发射电磁波也是日冕中时刻发生的重要过程。日冕在光学波段的发射，也称E冕辐射，主要包括如下两种成分。

（1）谱线发射。迄今已经观测到的日冕发射线自X光一直延伸到红外波段，大部分起源于高次电离原子的禁戒跃迁。由于日冕的高温，电子的平均动能高达几百电子伏特，能把高次电离原子激发到亚稳态；同时，由于电子密度太稀薄，高次电离原子与电子碰撞所需的时间大于亚稳态原子的寿命，这为禁线发射创造了条件。正是因为日冕发射谱线为禁线，所以当1869年人们观测到这些日冕谱线后，在70多年时间里人们一直不知道它们是由什么元素产生的。直到1942年英国科学家Edlen首先提出这些谱线是高温日冕中高次电离原子的禁线发射，才解开这一秘密，并发现了日冕的高温特征。随后，人们证认出了大量的日冕谱线，例如，5303Å是13次电离的铁离子发射的。

（2）连续谱发射。高温日冕等离子体中的韧致辐射产生的连续谱和自由电子向某一能级跃迁产生的连续谱发射。由于日冕温度高，其连续谱发射主要集中在波长小于1000Å的紫外和X光波段。其中，波长在200～1000Å的辐射主要起源于自由电子直接复合到基态的自由—束缚跃迁。波长小于200Å的连续谱辐射主要起源于热电子在离子场中的韧致辐射，辐射强度与电子密度和粒子密度的乘积成正比，同时还与电子温度有关。例如，当温度为一百万开时，连续谱辐射的主要功率集中在波长为20～200Å的波段，其峰值波长大约在72Å附近。

此外，除了上述所讨论的日冕发射外，还存在一大类辐射——射电辐射，包括波长从毫米直到十米以上，频率跨越4～5个数量级，辐射源区则从太阳色球到过渡区，再到日冕的广阔空间。日冕射电辐射的功率在整个日冕辐射中几乎是微不足道的，但是却对太阳大气中的许多物理过程，如高能粒子的加速和传播、日冕等离子体中的不稳定性过程、激波的形成和演变，尤其是各种爆发现象中的能量释放机制等都具有非常敏感的响应，是探测和研究各种太阳爆发活动的起源、演化和传播的重要手段。

E 冕辐射在日冕辐射的总强度中仅占很小的比例，但是在发射线的波长附近，其强度常常会超过 K 冕和 F 冕强度的 2 ～ 3 个数量级，因此，也可以用来观测和研究日冕中的物理过程。

日球层是什么样的呢？

日球层，英语里称为 Heliosphere，这大概是整个太阳系中最大的一个圈层了，是指在太阳表面以上，受太阳的物质和磁场作用和影响的整个空间范围。由于太阳在银河系中运动，日球与星际介质的长期相互作用，从而使日球层演变成了一个类似于地球磁层的彗形结构，其边界称为日球层顶（Heliopouse）。那么，日球层是什么样的呢？

首先，日球层非常大。因为源于太阳的物质和磁场能量在太阳系行星际空间传播和影响范围非常广。来自太阳的物质主要是通过太阳风的形式在日球层中运动并与其他物质发生作用的。太阳风从太阳表面产生以后，以每秒数百千米的速度在行星际空间高速运动。在太阳风的吹拂下，各行星在迎风方向上的磁层被压缩，产生磁流体激波并加速粒子，引起磁暴，并进一步导致行星极光的产生。太阳风的传播空间可越过冥王星轨道以外，直至太阳系的边缘。

其次，日球层中与磁场并存的就是行星际介质。行星际介质除了来自于太阳风等离子体外，还包含各种尺度的固体颗粒，它们的大小从小于一微米的尘埃到数十厘米的小行星。这些物质主要是彗星和小行星碎裂产生的，也有部分来自于星际介质。当太阳系在银河系中运动时，星际介质与日球边界相碰撞，星际介质中的带电粒子将会被日球磁场阻挡，中性物质则可以进入日球。在离太阳一倍天文单位的距离处，这些中性尘粒的质量密度大约比太阳风等离子体的密度高约一个数量级，其运动速度大约每秒 20 千米，其分布大部分集中在黄道面附近，这也是 F 冕和黄道光产生的主要原因。

正因为日球层空间范围非常大，对它的观测也就主要依赖于空间飞行器。迄今，空间飞行器的探测范围主要集中在黄道面附近。其中，先驱者飞船（Pioneer）上的日球层磁场仪对 1 ~ 8.5AU

空间范围的实测发现，日球层的磁力线与日地连线的夹角在地球附近大约为 45°，距离增大时，该夹角也有增大的趋势。1990 年美国和欧洲联合发射的尤利西斯飞船（Ulysses）则对远离黄道面的日球层进行了多角度的长期探测，发现了日球层中电流片及其在空间的展布，发现源于太阳极区的太阳风的速度可高达每秒 750 千米。除此之外，先驱者系列飞船和水手系列飞船在日球层的探测方面均做出了重要贡献。

图 58　日球的结构

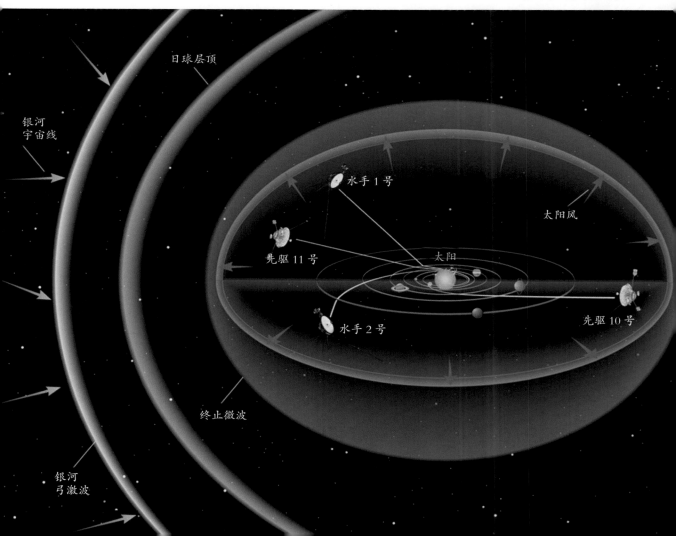

日冕中真的有个大洞吗？

常听人们提到"冕洞"，而且说那里便是太阳风的源头。难道，在日冕中真的有个大洞吗？它们是如何形成的呢？

事实上，冕洞并不是一个洞，而仅仅只是在太阳日冕中的部分区域电磁辐射相对比较弱、温度和密度比周围稍小，在望远镜里看起来比较暗的地方。这是 1950 年首次由瑞士天文学家瓦德迈尔在日冕仪观测中发现的，后来人们用空间探测器在软 X 射线波段进行成像观测进一步确认了它们是日冕上的一种大尺度结构，并称为冕洞（Coronal hole）。冕洞的本质是日冕中的一些暗区，大体上可分成三种类型。

极区冕洞：位于两极区，常年存在。

孤立冕洞：位于低纬区，面积较小。

延伸冕洞：向南北延伸，从北极区向南延伸至南纬 20° 左右或由南极区向北延伸至北纬 20° 左右，且同极区冕洞相接，面积较大。

大量空间卫星的观测统计表明，太阳表面有大约 20% 的面积被冕洞覆盖。冕洞也有生有灭，小冕洞的寿命大约有一个太阳自转周期；大冕洞的寿命则要长得多，平均寿命为 5 ~ 6 个太阳自转周期，长的可达 10 个周期以上。太阳卫星观测发现，极区冕洞相当稳定，可长期存在，而且似乎存在着一种奇妙的、令人费解的关系：当一个极区的冕洞扩大时，另一个极区的冕洞就缩小，反过来也是如此；似乎两极冕洞的面积之和接近于一个常数。至于冕洞的产生、扩大、缩小和消亡等问题，科学家至今尚未研究清楚。

科学家们通过长期的空间卫星成像观测已经表明，冕洞是发出高速太阳风的区域。同时，冕

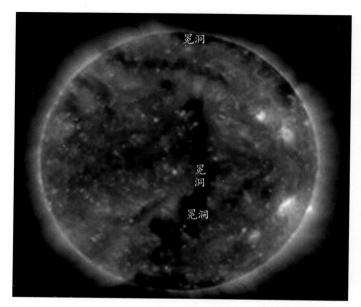

图 59　在软 X 射线望远镜拍摄的太阳图像，黑暗处即为冕洞

洞还具有下列特点：

（1）冕洞一般只出现在极区和中高纬度区域，内部没有显著的、类似于活动区中的那种环状结构，其精细结构是由发射到行星际空间的射线或羽状物组成。

（2）冕洞辐射比宁静日冕辐射弱，主要是因为冕洞的电子密度低，温度也低。

（3）冕洞覆盖的面积和寿命：日面上大约20%的面积被冕洞覆盖，其中，15% 是极区冕洞，2% ~ 5% 是低纬冕洞。单个冕洞的面积一般占日面总面积的 1% ~ 5%，极区冕洞的面积可达日面面积的 6% ~ 10%。冕洞是太阳上寿命最长的现象之一，一般都超过一个太阳自转周。寿命最长的可达 10 个太阳自转周。

（4）冕洞自转：冕洞没有较差自转，冕洞自转周期随纬度只有很小的变化，会合周期为27 天，与大尺度磁场的自转周期是一样的。

（5）冕洞的磁场：冕洞一般都发生在大尺度的单极磁场区域，包括极盖区的单极磁场区域。但是不一定所有的单极磁场区都有冕洞。冕洞的磁场较弱，平均为 6.5 ~ 7.5 高斯，比具有混合极性的一般宁静区还要低。由于开放磁力线结构允许日冕向外膨胀，所以温度和密度都降低了。如果把同时拍摄的 X 射线日冕照片与全日食的白光日冕照片相比较，便会看到冕洞是同开放磁力线区域相联系的。

人们对太阳风的观测研究发现，高速太阳风的起源同冕洞具有非常密切的关系。因此，对冕洞的监测和研究将有助于我们了解太阳风的形成和演变，并有助于我们开展空间天气学的监测。

临边昏暗是怎么形成的？

当我们用普通光学望远镜观测太阳时，我们会发现，太阳边缘附近的亮度不如太阳边缘以内明亮，这种现象被称为临边昏暗。在太阳白光照片上仔细测量太阳的亮度分布时，可以发现太阳的亮度从日面中心向边缘逐渐减小。在可见光或近红外波段观测太阳时，均会出现这种临边昏暗现象。那么，这种临边昏暗现象是怎么产生的呢？

前面，我们介绍过光学深度 τ_λ 的概念，它反映了从我们的望远镜到辐射源区的路径上介质对电磁波的总吸收程度，是辐射电磁波的波长或频率的函数。我们所观测到的信号一定是从光学深度 $\tau_\lambda \leqslant 1$ 的层面以上的源所发射出来的。如图60所示，设在日心方向的光学深度为 τ_λ，则在日心距为 θ 时，光学深度则为 $\tau_\lambda \sec\theta > \tau_\lambda$。在日面中心（$\theta=0$）我们观测到 $\tau_\lambda=1$ 的层面以上的源所发射出来的光时，在日心角 θ 所观测到 $\tau_\lambda < 1$ 的则是层面以上的源所发射出来的光。也就是说，在同一波长上，不同日心角距处观测到的是来自太阳大气不同深度处发出的光；在日面中心看到的是太阳较深处发出的光，而在日面边缘处看到的则是从较浅层大气中发

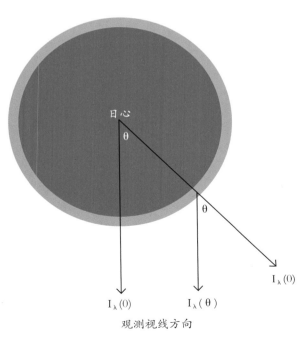

图60 在日面不同位置看到的太阳深度是不同的

出的光。由于在太阳光球较深处的温度、密度和辐射强度均比较高，因此望远镜拍得的图像就比较明亮；而在光球的浅层处，温度、密度和辐射强度均比较低，因此看起来就比较暗淡。

可见，临边昏暗现象是光球温度由深到浅逐渐降低的直接反映。因此，根据临边昏暗现象的观测研究，还可以推导出光球的温度分布。光球顶层的温度大约为 4500 开，随着深度越往下，也就是越靠近日面边沿的内侧，温度就越高，到光球底层，可达到 6000 多开。

在近紫外到近红外波段的不同波长上对太阳的临边增亮现象进行高分辨率的细致观测研究，将能给出从太阳光球底部到色球底部这个区域里的大气温度、密度、压强、物质组分等的变化规律，并帮助我们理解太阳大气的形成、演化和动力学特征，具有重要的科学意义。

由于临边昏暗现象主要反映的是一种太阳光球上的温度随深度的变化规律。而太阳光球的辐射主要集中在可见光、近紫外和近红外波段。因此，临边昏暗现象也仅发生在这些波段上。在其他波段，则不一定会产生这种现象。例如，极紫外射线、软 X 射线或射电波段，由于它们形成于温度大大超过光球的高层大气环境中，则可能出现临边增亮现象，我们将在下一章节里再做介绍。

临边增亮又是怎么回事呢？

上一节里我们介绍的临边昏暗现象主要发生在可见光、近紫外和近红外等波段上。但是，在其他波段，例如，在波长小于 1700Å（0.17 微米）的远紫外波段和波长大于 200 微米的远红外波段和射电波段等却与上述临边昏暗现象相反，在靠近日面边缘附近的辐射强度比日面中心亮，这种现象，称为临边增亮。这又是如何形成的呢？

临边增亮的产生，是因为在波长小于 1700Å 的远紫外波段和波长大于 200 微米的远红外波段和射电波段的辐射都来自于光球温度极小区之上的太阳色球、过渡区和日冕，那里的温度是随高度的增加而递增的。尤其是在太阳色球顶部到日冕底部的过渡区，在很小的距离上温度迅速从几万开增加到几百万开，而在这个距离上大气密度并没有如此幅度的减小。因为其辐射亮度在这个区域上是递增的。于是，从观测上我们就能得到临边增亮的结果。

可以简单地说，当观测波长的辐射来自光球温度极小区以下的层次时，例如，可见光，近红外和近紫外波段的辐射主要来自于这个层次，因为这里的温度随高度增加而减小，辐射亮度减弱，因而观测得到临边昏暗特征；而当观测波长的辐射来自于太阳色球以上的大气层次时，例如，远紫外、远红外、射电波段等，因为这里的温度随高度增加而增加，辐射亮度增加，因而观测得到临边增亮现象。

不过，情况在射电波段则变得非常复杂。图 61 便是中国科学院国家天文台谭程明博士计算给出的频率在 60MHz 到 30GHz 之间的宁静太阳射电辐射强度对日心距的变化。从中可见，在 200MHz 以上的太阳射电辐射，其临边增亮现象还是很显著的。但是，在频率小于 200MHz 时，临边增亮就不显著了，甚至转为临边昏暗。

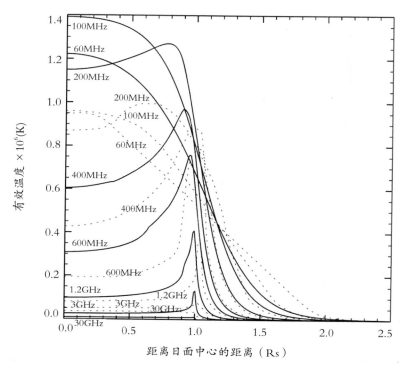

图 61　不同波长在临边增亮幅度不同，横坐标表示与日面中心的距离，当其值为 1.0 时表示日面边沿，纵坐标表示有效温度。

对于毫米波辐射，有时观测到临边昏暗现象，有时又观测到相反的临边增亮现象，有时还观测到从日面中心到边沿均匀平稳的亮度分布，尤其是还发现了具有复杂双峰的临边增亮现象等。日面在毫米波段的亮度分布问题是个至今尚未解决的问题。从观测角度上说，目前还缺乏足够的具有一定频率分辨力和空间分辨率的观测数据。从理论角度上说，相关理论研究也并不成熟，还有许多问题有待进一步研究。

日面在其他射电波段的辐射分布也同样具有复杂性，这主要原因是在射电波段太阳的辐射包含多种机制，如韧致辐射、磁回旋辐射、同步加速辐射，以及等离子体辐射等。对于宁静太阳射电辐射来说，韧致辐射和磁回旋辐射占据主导地位，其中磁场起着非常关键的作用。由于太阳磁场的分布非常不均匀，并且随太阳活动周而变化，这直接影响着射电辐射在日面的分布特征。

为什么太阳日冕比光球热？

18 69 年，人们从日全食观测中发现一条奇怪的日冕谱线 5303Å，它和已知任何元素的谱线都不吻合，这是如何产生的呢？难道是一种新元素吗？这条谱线的形成机制长期困惑着科学界。1942 年，Edlen 将这条日冕谱线解释为铁原子 13 次电离时产生的，很快得到人们的普遍接受。但同时又产生了一个新问题，要使铁原子产生 13 次电离，日冕温度必须达到百万开以上！日冕这么高的温度又是如何产生的呢？

众所周知，太阳核心区热核聚变反应释放的能量向外传播，按照热力学第二定律，太阳各层次的温度必然是从内部向外层逐渐降低的。日冕温度竟然比其下层的光球高 2 ~ 3 个数量级，这是严重违背热力学第二定律的！这便是日冕加热之谜。

高温日冕的发现至今已经七十多年了，其形成之谜是太阳物理乃至天体物理学中悬而未决的一个老大难的问题。2012 年国际著名杂志 Science 发表了当代天文学的八大难题，日冕加热之谜与暗物质和暗能量等问题一起，成为当代天体物理领域面临的重大难题之一。

人们先后提出了多种加热机制，这些机制可以分成两大类。

（1）波动加热机制。太阳光球附近的湍流运动驱动磁力线扰动，激发各种波动沿磁力线向上传播，在色球和日冕中与等离子体相互作用耗散而加热。最重要的加热波动模式有磁声波和阿尔芬波。人们通过对太阳光球附近的扰动特征分析发现，阿尔芬波确实能携带足够能量向上传播。但是，从太阳光球到日冕，等离子体密度迅速降低，从磁场较强的稠密等离子体中传播出来的阿尔芬波，如何在磁场较弱的稀薄等离子体中耗散呢？

（2）磁场重联加热机制。太阳表面附近各种对流运动带动磁力线产生剪切、汇聚、扭曲等运动，

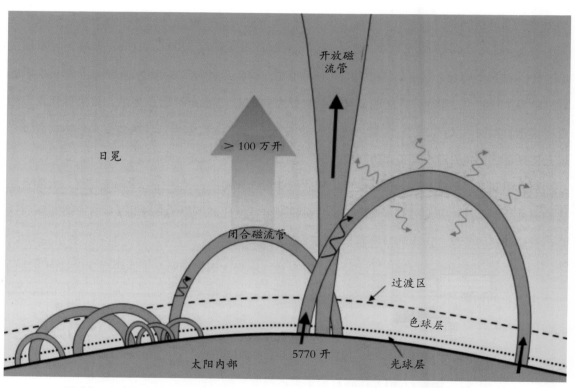

图 62　在磁场梯度抽运机制中，太阳大气中普遍存在的各种磁流管类似于抽水机，可以将能量高的粒子抽运到高层日冕中，从而形成高温日冕

在色球和日冕中激发各种尺度的磁场重联而释放能量，加热日冕，也被称为纳耀斑模型，指的是即使在太阳宁静区和宁静时间里，太阳大气中随时随地存在大量小尺度的磁场重联，每一次重联对应一次纳耀斑爆发。纳耀斑活动如此地小，以至于我们目前的太阳望远镜还无法清楚地观测到它们。人们通过大量耀斑统计研究发现，太阳大气中并没有足够的纳耀斑加热日冕。

那么，除了上述两类机制外，是否还有别的加热机制呢？

2014年，我在美国《天体物理学杂志》上发表文章，提出磁场梯度抽运机制（也称 MGP 机制）解释日冕加热过程。太阳大气中普遍存在梯度磁场，带电粒子受到与磁场梯度成正比而反向并与粒子横向动能成正比的磁场梯度力，动能越大，梯度力也越大，使低层大气中动能较高的粒子被抽运到高层大气聚集，形成高温日冕。计算结果与实际观测基本吻合。低层大气因热粒子抽运而导致低层强磁场附近温度降低，与太阳表面黑子附近温度较低吻合。利用开放场的磁场梯度抽运机制还可以解释太阳大气超精细磁通道中的快速上升热流、二型针状体及其他天体物理喷流现象的形成。这一机制为人们理解日冕加热过程和天体等离子体中的一些基本过程提供了一个新的思路。

MGP 机制同波动机制和重联机制一样，都依赖于磁场。但是它们对磁场的依赖方式是不同的。MGP 机制中，磁场梯度及其分布至关重要，热粒子抽运效率完全取决于磁场梯度；波加热机制依赖于光球附近的湍流运动，由湍流运动驱动磁场产生振荡，这里仅有能量的传输，并没有物质的转移；重联加热机制依赖于低层大气对流运动驱动磁力线产生运动，激发磁场重联释放能量。不难看出，重联加热是间歇性的，是磁能的直接释放；波动加热机制则直接与太阳表面附近的湍流运动关联，也与太阳活动有关联，没有直接的物质流动；MGP 机制则是一个稳态连续的加热过程，直接驱动高能热粒子向上输运实现对日冕加热，并不存在磁场能量的直接释放，能量耗散方式也是连续进行的，无论是在活动区，还是在宁静区，这种加热机制都能发生作用。

目前，还很难确定到底哪种机制在日冕加热过程中起主导作用。很有可能，波动加热、磁场重联加热和 MGP 机制对加热日冕均有贡献，只不过在太阳大气的不同区域，或者太阳活动周的不同阶段，各种加热机制的贡献大小可能不同。尚需要通过大量观测去验证，才能最后下结论。

图 63　冕环和极紫外亮点

宁静太阳一定是宁静的吗？

我们知道，太阳表面有活动区和宁静区之分。从长期变化角度来看，也存在活动期和宁静期之分，从而表现出太阳活动的周期性。在宁静期的太阳，我们有时也称为宁静太阳，是指在太阳表面几乎没有黑子出现，也没有太阳耀斑和日冕物质抛射等爆发现象的发生，太阳看起来非常明亮，表面非常均匀，因而也非常平静。那么，宁静太阳就一定是宁静的吗？

最近几年，国内外先后研制建成了一系列高分辨率的地面和空间太阳望远镜，其中包括美国大熊湖 1.6 米口径的太阳光学望远镜 NST、瑞典 1.5 米口径太阳光学望远镜 SST、中国云南抚仙湖一米红外真空太阳望远镜 NVST、美国太阳动力学天文台 SDO、界面区成像光谱仪望远镜 IRIS、日本日出卫星 Hinode 等，从而将太阳成像观测的空间分辨率提高到了亚角秒和时间分辨率提高到秒级的时代。

通过上述新一代高分辨率的太阳望远镜的探测，人们发现，即使是宁静太阳上也存在大量小尺度的活动现象。图 65 便是利用 SDO 在 304Å 波段上对宁静太阳的局部进行成像得到的图像。从中可以看出，宁静太阳表面也仍然像一锅煮沸的汤，随时随地不停地翻滚着、沸腾着，不停地冒着热气，喷射热等离子体，释放能量。从太阳边缘上观察，可以发现许多针状体活动。尤其是太阳表面并不是均匀的，有的地方比较明亮，向外喷射着物质，有些地方则相对较暗。这又是什么原因导致的呢？

我们知道，即使是宁静太阳，也广泛存在磁场分布，即网络磁场。这些网络磁场往往沿超米粒边界延伸成链状，磁场强度为 20 ~ 200 高斯。在网络内部也存在许多离散的小磁岛，称为网络内磁场，强度 5 ~ 25 高斯。在宁静太阳表面不断翻滚沸腾的等离子体驱动下，上述网络磁场和网络内磁场也必然会不断改变空间位置和形态，不同拓扑位型的磁场互相位移、碰撞、挤压、扭曲，在它们相互作用的接触面附近，将产生电流、引起能量释放；触发磁场重联，引起局部小区域的粒子加速和等离子体加热，并驱动小尺度喷流的发生等。2011年，中国科学院国家天文台的研究员张军通过对美国卫星 SDO 的大量观测图像的仔细分析研究发现，在太阳宁静大气中普遍存在一种类似于地球上的龙卷风那样的剧烈运动现象，而且它们和太阳宁静大气中的磁场之间具有非常紧密的联系。

可见，即使是宁静太阳，也仍然存在许多活动现象。只不过，这时的活动强度、规模要比太阳耀斑和日冕物质抛射等剧烈爆发活动小得多，但是，活动的频次则要远高于这些剧烈太阳爆发事件。

图 64 金色冕环

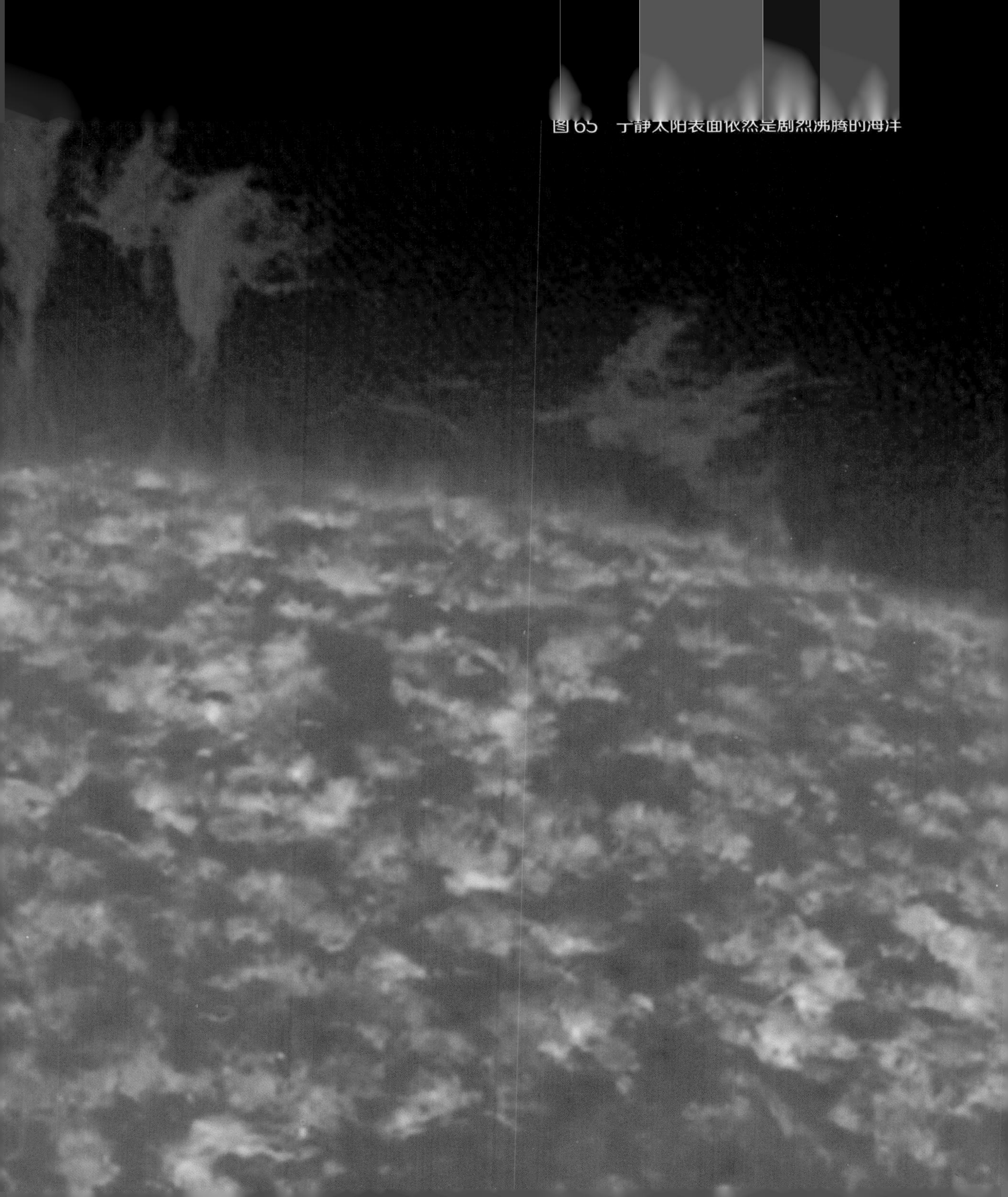

图 65 宁静太阳表面依然是剧烈沸腾的海洋

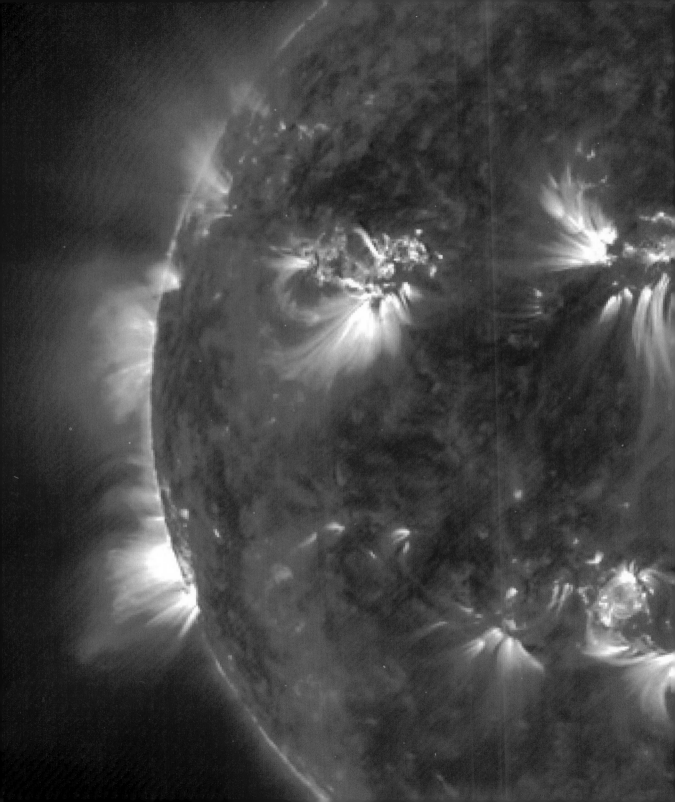

第五章

太阳活动

TAIYANGZHIMEI

为什么太阳黑子是暗的？

人们很早就认识到，太阳并非如古希腊学者亚里士多德和西方宗教里所想象的那样完美无缺。实际上，太阳表面经常会出现一些暗黑的区域，称为黑子（Sunspot），如图 66 所示。公元前 28 年，我国汉朝在《汉书·五行志》里就曾记载道："成帝河平元年三月乙未，日出黄，有黑气，大如钱，居日中央。"这是世界上最早的关于太阳黑子的确切记载。那么，太阳黑子为什么是暗的呢？

实际上，太阳黑子本身并不黑，之所以看起来比较暗黑，是因为与周围的光球相比，太阳黑子区域的温度要低一两千开，从而导致在明亮的光球背景下，它就显得没有那么明亮了，而是相对暗黑的。那么，为什么太阳黑子区域的温度会比周围的光球低一两千开呢？

1908 年，美国天文学家海尔首次利用塞曼效应观测太阳，发现太阳黑子拥有强磁场。进一步的大量观测发现，太阳黑子的磁场强度高达 1000 ~ 4000 高斯，比地球磁场强 1 万倍左右，也比太阳黑子周围其他光球表面的磁场强 100 倍左右。于是，人们提出，很可能是太阳黑子的强磁场抑制了太阳光球等离子体的对流运动，使黑子区域的对流不充分，从而影响了太阳内部能量向外传递。但是，这种解释是很牵强的，因为磁场只对垂直于磁力线方向的等离子体对流产生抑制作用，而太阳黑子中的磁力线是大致垂直于太阳表面的，按说在沿磁力线方向上应该没有显著的抑制作用，因此，也不会对从太阳内部向外部的能量传递产生显著的影响。那么，究竟是什么原因导致太阳黑子的温度比周围降低了呢？

我们可以设想在太阳黑子区域存在磁通量管，根据磁流体力学平衡原理，磁通量管中的磁压强和等离子体热压强之和应该与周围等离子体的热压强平衡。当磁通量管中的磁压强比较大时，

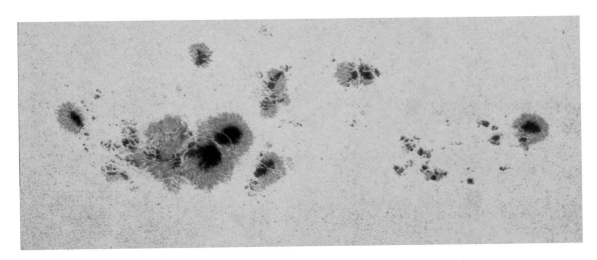

图66 太阳表面的局部像，其中深色区域便是太阳黑子

则其热压强应当比较小。我们知道，等离子体的热压强与密度和温度的乘积成正比，如果我们假定等离子体的密度与周围是均衡的，则太阳黑子的温度应当比周围低。

另外，根据我提出的磁场梯度抽运理论，在太阳黑子的上空必然存在显著的磁场梯度，由此而产生的磁场梯度力将黑子低层大气中的热粒子抽运到高层大气，太阳黑子低层大气因为失去了动能较高的热粒子，因而变得比较冷；与此同时，太阳黑子的高层大气中因为聚集了较多动能较高的热粒子，从而变得比较热，这一点与观测是非常吻合的，在极紫外等高温谱线的图像上，人们可以发现太阳黑子活动区的上空通常是非常明亮的，即冷的黑子活动区上空往往是热的等离子体集聚。当热等离子体在太阳黑子活动区域上空聚集到一定程度之后，便会产生太阳耀斑等剧烈爆发现象。从这个角度上说，太阳黑子区就像太阳表面上的火山口，从这里向太阳高层大气喷出高温物质。

太阳黑子是怎么形成的？

我们已经知道，太阳黑子是太阳光球表面上出现的一些磁场比周围光球高100倍左右，温度低1000～2000开、看起来比较暗黑的区域，很少单独活动，通常是成对成群地出现。最大的黑子直径可达20万千米，几乎比地球直径还大10倍以上；最小的黑子也有几千千米大小。科学家统计研究发现，黑子的寿命大约与其大小成正比，大黑子寿命可达几个月，而小黑子只能存在几个小时。那么，这些太阳黑子是怎么形成的呢？

众多观测事实表明，太阳黑子的形成与太阳磁场的起源有关。根据科学家们的大量观测和理论研究表明，太阳磁场的发源地很可能位于太阳辐射区和对流层之间的界面附近的强剪切层。在这里，强烈的剪切运动产生了最初的经向磁场。磁力线和等离子体冻结在一起，由于太阳较差自转的缘故，磁力线会被逐步拉长并环绕太阳，产生纬向磁场分量。经过多次缠绕之后，纬向磁场分量越来越强，最后变成纬向磁场占主导，在太阳对流区形成磁通量管。我们前面已经提到，在磁通量管中的总压强为磁压强与等离子体热压强之和，等于磁通量管外侧的总压强。当磁压强比较大时，热压强就会减小，从而磁通量管中的密度降低，磁通量管就会受到一个向上的浮力，称为磁浮力。在磁浮力的作用下，磁通量管就会上升而凸出太阳光球表面，如图67所示。磁力线集中穿过对流层顶部进入光球的地方就形成黑子。在磁力线集中和穿入的部位形成的黑子分别为N和S两个极性。并且，由于赤道两侧的磁力线方向正好相反，所以在南半球和北半球形成的黑子对的极性也相反。

按照经典理论，太阳黑子的强磁场会阻碍从太阳由内部到日面的对流，产生磁栓塞效应，从而抑制了能量从太阳内部向外传输。1998年人们通过观测发现，太阳黑子表面下五千千米处的声

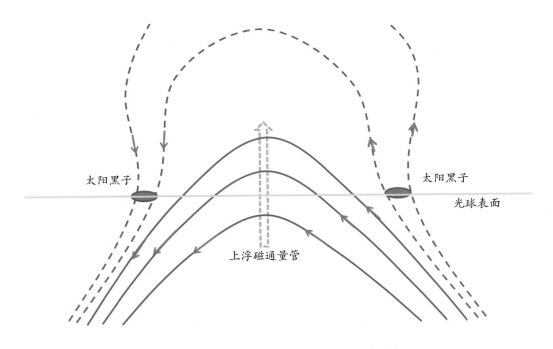

图 67　磁流浮现和太阳黑子的形成

速明显较高，显示该处的温度也比周围高，与太阳黑子在表面处的温度低于周围温度的情形刚好相反。这实际上表明，在黑子附近的温度梯度很大，反而大大加速能量的传送。因此，我们需要新的理论来解释这一观测事实，即太阳黑子的强磁场不但没有阻止能量的传输，反而大大增强太阳内部能量向外的输送。一种理论认为太阳黑子的强磁场会把大部分热流变为磁流体波，沿磁力线迅速向外传播出去；另一种理论则是我提出的磁场梯度抽运机制，磁场梯度越大，抽运的效率越高；尤其是，在这里磁场梯度力抽运的是等离子体中动能较高的热粒子，把热粒子抽运到黑子上空集聚形成热等离子体，当热等离子体集聚到一定程度时，便会产生太阳耀斑爆发。可见，太阳黑子的形成过程便为太阳耀斑的爆发提供了物质和能量的准备，两者之间存在着密切联系。

太阳黑子里面是什么？

太阳黑子的直径达几千千米到几万千米，面积则常常比整个地球的面积还要大许多。那么，在这么大的区域里，是均匀一片的黑暗区域吗？太阳黑子里面是什么呢？

实际上，太阳黑子并非就是暗黑的，其中的温度仍然高达 4000 开以上，比我们钢铁厂炼钢炉里的铁水的温度还要高许多。之所以看起来比较暗，是因为其周围的太阳光球温度高 1000 开以上，在光球的耀眼光芒之中，黑子显得相对暗淡了。

太阳黑子也并不是均匀的。用现代高分辨率的太阳望远镜进行仔细观察，人们发现，一个发展成熟的太阳黑子一般都是由中心颜色暗黑的区域和外围稍亮的晕状区域两部分组成。前者称为黑子本影（Umbra），后者称为黑子半影（Penumbra），见图 68。即使在黑子本影内部也不是均匀的，其中还存在本影亮点（Umbral dot）、亮桥（Light bridge）、暗核（Dark core）等精细结构。

本影亮点的亮度明显高于周围本影背景，常常成行成列出现，有时连成一串，形成横跨本影的亮桥。亮点的直径在 200 ~ 1000 千米，亮度为宁静光球的 2% ~ 30%，寿命平均为 30 ~ 60 分钟。而且，绝大多数本影亮点都有向黑子中心游动的倾向，在边缘附近的本影亮点向内移动的速度为每秒 0.3 ~ 0.5 千米。

同本影一样，黑子半影也有复杂的精细结构。最明显的特征便是存在各种纤维结构。对于形态规则的太阳黑子来说，其纤维结构一般都是从黑子中心向外的径向放射状分布。高分辨率的成像观测发现，半影亮纤维实际上是由排列成链状的半影米粒组成的，米粒最亮的部分靠近黑子本影一侧，后面拖着一个稍暗的长尾巴，类似于彗星结构，平均宽度大约 200 千米，长度则为宽度的若干倍，平均亮度可达光球的 95%，有的半影米粒的亮度甚至超过光球。半影米粒的寿命同它所处的位置有关，在靠近半影内外边缘附近寿命较短，大约为几十分钟，在半影带中间位置则寿命较长，可达 3 ~ 4 小时。同本影亮点类似，半影米粒也存在向黑子中心移动的倾向。

我们说太阳黑子区就是强磁场区域，不过，在本影和半影中磁场明显不一样。在黑子本影中的磁场最强，磁力线的方向近似为竖直的，但在黑子半影中的磁力线则是倾斜的，磁场也相对较弱。而且，在半影中的亮纤维与暗纤维中的磁场也是有差别的，其中暗纤维的磁场更弱，磁力线方向更接近于水平方向。

太阳黑子的上述精细结构特征可以用磁流管束模型解释：黑子的深层区域是由许多小磁流管束组成的，在磁流管束相对稀疏区域，管与管之间的磁场较弱，光球内部的对流过程受到的抑制较弱，辐射能量可以通过对流传输到太阳表面，从而形成本影亮点和半影米粒等结构。因此，本影亮点和半影米粒等黑子精细结构都是太阳内部对流的结果。

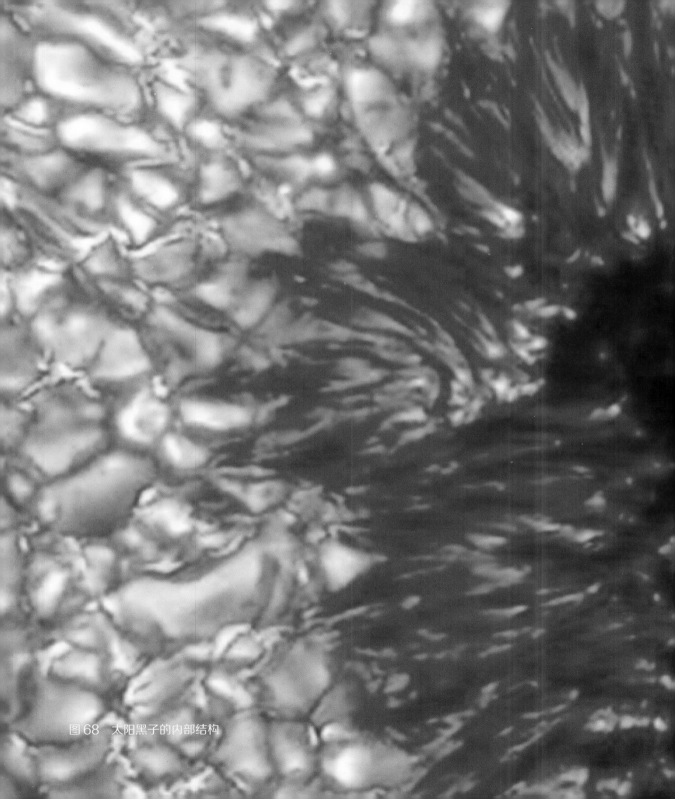

图68 太阳黑子的内部结构

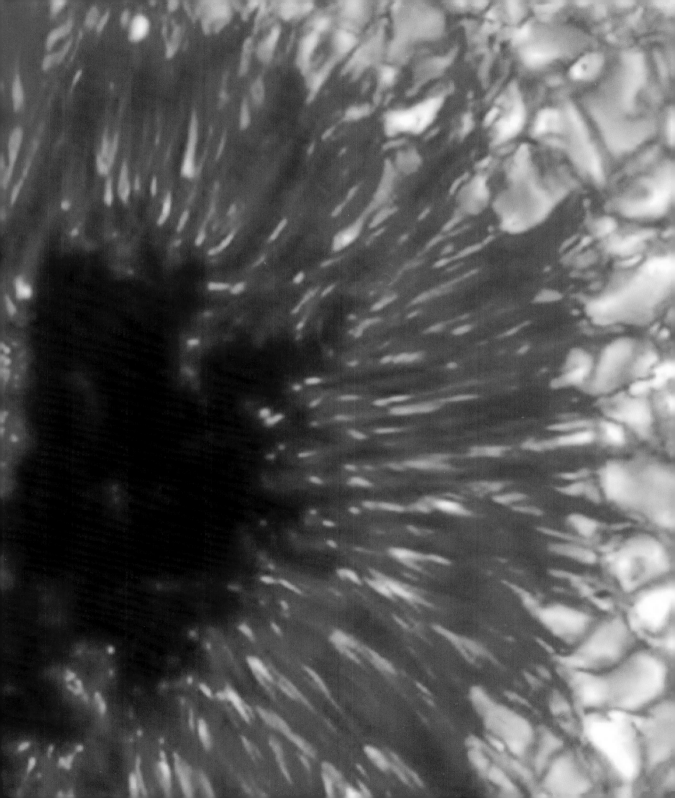

埃维谢德流是怎么形成的？

观测发现，在太阳黑子中除了本影亮点外，其他区域基本不存在显著的上下运动。但是，1909 年，英国天文学家 Evershed 在印度 Kodaikanal 天文台观测太阳时发现，在太阳黑子半影区的暗纤维结构的谱线存在明显的红移和蓝移现象，表明其中存在物质的上下运动，这种运动现象被称为埃维谢德流（Evershed flow）。

埃维谢德流主要表现为在太阳黑子中，靠近日面边缘附近的半影暗纤维中的亮颗粒之间的暗区中谱线发生红移；而靠近日心方向的半影暗纤维谱线表现出蓝移特征，这种红移—蓝移特征表明，太阳黑子中存在从本影—半影边界向半影—光球边界，即从黑子内部向外部的水平流动，最大流速为每秒 2 千米左右。埃维谢德流在光球深处流速较大，在光球表面附近接近于 0，再往上，在色球中流动方向反向，形成反向埃维谢德流。另外，观测还发现，在大型圆形黑子的半影以外还存在一圈超半影区，其中存在从外部向黑子内部的流动，流速高达每秒 20 千米左右。这种埃维谢德流是怎么形成的呢？

对于这个问题，目前科学家们并没有找到准确的解释。由于埃维谢德流是太阳黑子半影中的一种向外流动的特征现象，因此，有一种比较流行的观点认为，是半影区磁通量管的虹吸管效应产生了埃维谢德流。假定磁通量管的一端位于黑子半影中，另一端则位于黑子外围磁场更强的小黑子或磁节上，则磁场弱的地方等离子体的热压大，磁场强的地方热压小，于是将在磁通量管两端产生一个压强差，形成虹吸效应，从而将驱动黑子半影区的物质沿磁流管向外流动。对于黑子上空色球中的反向埃维谢德流，则可以用更大尺度的磁通量管来解释，在这里，磁通量管的一端位于半影区，另一端则位于磁场较弱的光球区，于是将产生从黑子外围流向黑子内部的物质流。

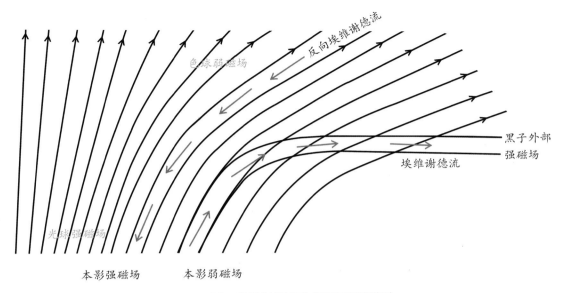

图 69　埃维谢德流形成的虹吸管模型

　　根据上述磁通量管的虹吸效应模型，埃维谢德流的流向是从弱磁场区指向强磁场区的。但是，不难看出，这个模型是有些牵强的。因为它要求黑子半影的磁场比黑子外围更弱，这很显然与太阳磁场的实际观测结果不吻合。因为观测表明，太阳磁场从黑子本影到半影，再到黑子外围的光球层，磁场强度是递减的，即逐渐减弱的。事实上，很难在黑子外围的光球区找到比黑子半影区的磁场更强的小黑子或磁节。这就表明，所谓的磁通量管虹吸效应是很难发生的。

　　因此，有关埃维谢德流的形成机制，还有待人们继续研究。

什么叫埃勒曼炸弹？

19 17年，埃勒曼在太阳黑子周围的光球中发现一种空间尺度非常小、寿命也非常短的快速增亮现象。后来，人们做了大量的进一步观测，包括对望远镜的改进观测，大大提高了望远镜的空间分辨率和时间分辨率，获得了大量的高分辨率的观测资料。通过统计分析发现，这种爆发的平均寿命只有 10 ~ 15 分钟；多为椭圆结构，其平均长轴为 1.8 角秒，也就是 1300 千米，短轴 1.1 角秒，即 800 千米左右；其中心温度常常超过数万开，并且常常会在同一地点多次反复发生，偶尔在白光图像中也存在这种现象。人们将这种现象命名为埃勒曼炸弹（Ellerman bomb）。那么，太阳上真的有一种炸弹时而发生爆炸吗？

在太阳上当然不会有什么炸弹爆炸。所谓爆炸，应该就是太阳光球大气中的一种剧烈的能量释放过程而已。那么，是什么原因导致了这种太阳光球大气中的快速剧烈的能量释放呢？

太阳物理学家们通过大量观测发现，埃勒曼炸弹一般都发生在有较强磁场存在并有磁流浮现的区域。对速度场的观测分析发现，在发生埃勒曼炸弹的地方，下部光球的物质表现为向下运动，速度大约每秒 200 米；而上部的色球物质则为向上运动，速度为每秒 1 ~ 3 千米。埃勒曼炸弹的空间分布主要沿一些磁场结构的边界，如磁中性线、浮现磁流或快速运动磁结构附近等。这种种迹象表明，埃勒曼炸弹应该也是太阳光球大气中的某种磁场重联产生的磁能释放过程，即光球上极性相反的磁场相向运动并互相挤压，使反向磁力线接近而产生磁力线断开、重新连接并释放磁场能量加热等离子体。埃勒曼炸弹中的椭圆形内核便是由磁场重联产生的等离子体加热形成的。

不过，随着探测技术的发展进步，人们对埃勒曼炸弹的本质的认识不断深化。2013 年美国发射了新一代的太阳界面层探测卫星 IRIS，其观测发现，光球中的埃勒曼炸弹可以将物质加热到

10万度的高温！以前，人们从来没有发现过光球中如此高温。北京大学博士田晖对太阳光球中发生的这种小型爆发时间所产生的能量做了一个粗略的估计，大约可以相当于一个中等耀斑释放的能量，也相当于数万次强火山爆发的总能量。

我们知道，太阳大气分层结构里，从光球顶部往外，温度是单调增加的。然而 IRIS 的发现却表明，在色球之下，居然还存在温度高达 10 万开的物质。这一发现表明，在太阳大气中的局部区域，传统的太阳大气模型可能并不完全准确。太阳大气模型还需要进一步的改进和完善。

埃勒曼炸弹是一种发生在太阳低层大气中的磁场释放过程，它对太阳内部能量向外传输、太阳耀斑等高层大气活动、上层太阳大气的加热等过程有何作用和影响？对这些问题，目前科学家们也还没有完整准确的答案，还需要进一步开发新的探测技术，提供更多可靠的观测数据，开展系统研究。

什么叫日浪？

在太阳色球观测中，有时在活动区附近会发现一种类似冲浪的物质剧烈抛射现象，主要发生在太阳黑子上空或附近，沿直线或略微弯曲的路径抛射的速度为每秒几十千米，最大抛射速度可达每秒 100 ～ 200 千米；比我们地球上最快的飞机还快 100 倍以上。当上抛物质达到一定高度后便会逐渐减速，最后沿上抛路线回落。其上升高度低的只有几百千米，高的则可达 5000 千米，最高的能达到数万千米。当一次冲浪沿上升路径下落后，又会触发新的冲浪腾空而起，多次起落，但其规模和高度则一次比一次小，直至最后消失。这种现象被称为日浪（Surge）。位于日面边缘的日浪在观测上大多表现为一个小而明亮的小丘，顶部以尖钉形状向外急速增长。那么，这种日浪是怎么形成的呢？

1973 年，科学家 Roy 发现，日浪很可能与太阳低层大气中的埃勒曼炸弹或亚耀斑有关，附近存在可能产生磁场重联的空间结构。随后，许多科学家的观测研究似乎也都支持日浪是由太阳低层大气中的磁场重联产生的观点。1982 年，日本学者 Shibata 提出，日浪很可能是由太阳低层大气中由于局部压力突然增加而产生的一种慢激波激发的。2013 年，日本学者 Takasao 利用数值模拟发现，在太阳光球和色球中的低层磁场重联可以使附近的压力剧增，从而激发慢激波，推动物质沿一定的磁场通道向上抛射，但是抛射到一定高度以后，随着激波能量的减弱和太阳引力的持续作用，抛出的物质逐渐减速并回落。

近年来，人们利用高分辨率的频谱成像观测，确实发现日浪活动区域存在许多激波，在日浪的根部还发现了磁场重联的证据。这些证据表明，太阳低层大气中的磁场重联突然释放的能量驱动产生了激波，而激波在色球中传播则形成了日浪。可见，事实上，日浪同埃勒曼炸弹、喷流等活动现象一样，都是太阳低层大气中能量快速释放的一种表现形式。而日浪的大量出现，则表明在太阳光球和色球等低层大气中也存在着显著的能量释放过程。至于这种低层大气能量释放对太阳活动或色球与日冕加热有何贡献或影响，这是目前科学界尚未达成共识的问题，还需要开展大量高分辨率的观测去证明。

图70 日浪

日珥是怎么形成的？

在太阳可见光、Ha 色球谱线或波长为 1600 埃、1700 埃等紫外波段的成像观测中，我们能常常发现，在太阳明亮的圆盘上存在一些长长的暗条带，随着太阳自转，当这些暗条带转到太阳边沿时，我们发现他们在日面边沿以外的暗的上空变成耳郭状或环状的亮条带，高悬日冕之中；它们出现时，玫瑰红色的舌状气体如烈火升腾，千姿百态，有的如浮云，有的似拱桥，有的像喷泉，有的酷似团团草丛，有的美如节日礼花。它们的形状恰似贴附在太阳边缘的耳环，由此得名为日珥，英文称为 Prominence。当日珥位于日面中心区域时，称为暗条（Filament）。这种日珥或暗条是怎么形成的呢？

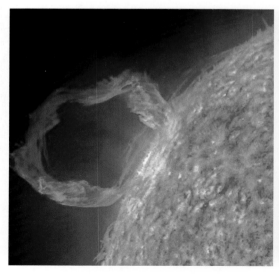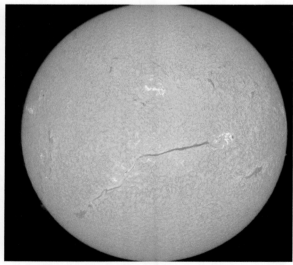

图 71　日珥和暗条

科学家们通过大量观测发现，日珥是高悬在太阳高层大气中的致密冷气团，温度大约 7000 开，比周围百万开左右的日冕温度低数百倍，但是其密度却比周围日冕大气高百倍以上。也正因为如此，当日珥位于日面中心区域上方时，因为挡住了下面明亮的太阳光球和色球辐射，因此在太阳表面方向看起来是一条暗带；而当它转到日面边缘以外时，这时因为日冕大气太稀薄而几乎看不见，就只剩下明亮的日珥轮廓了。

　　几乎所有的日珥都与太阳活动区有关，根据其活动性，可将日珥分为宁静日珥和活动日珥两大类。

　　宁静日珥变化缓慢，其寿命从几天到几个月之久。日珥的密度比周围日冕高几百倍。计算发现，日冕的全部物质加起来都不够凝聚成几个大日珥。因此，日珥的物质一定是来自于太阳底层大气。是什么原因使得温度大约 7000 开的日珥能在日冕这样的高温环境里长期存在呢？它们是怎样产生又以何种机制维持呢？

　　活动日珥是不停地变化活动的。它们从太阳表面沿弧形路线喷出来，又慢慢地落回到太阳表面上。有的爆发日珥喷得很快、很高，速度可达每秒 700 千米以上。最后它的物质没有落回日面，而是抛射入行星际空间形成日冕物质抛射（CME）。爆发日珥的高度可以达到几十万千米。1938 年人们曾观测到一个超大的爆发日珥，顷刻间上升到 157 万千米的高空，比整个太阳直径还大。日珥的运动也很复杂，例如，在日珥不断向上抛射或落下时，若干个节点的运动轨迹往往是一致的；当日珥离开太阳运动时，速度会不断增加，而这种加速是突发式的，在两次加速之间速度保持不变；在日珥节点突然加速时，亮度也会增加。

　　对于日珥的上述观测现象迄今还没有非常满意的解释。主要问题是：活动日珥和爆发日珥的速度可高达每秒几百千米，动力从何而来？日珥运动往往突然加速，甚至宁静日珥会一下转变为活动日珥，为什么？

　　一般认为，除了重力和气体压力外，磁场的洛伦兹力在日珥的形成和运动过程中是一个关键性的因素。太阳物理学家们通过大量观测事实推断，宁静日珥的磁场强度大体上为 5 ~ 15 高斯，比周围日冕磁场大约强数倍；而活动日珥的磁场强度则为几十高斯到 100 高斯不等。另外，日珥和暗条总是出现在具有相反极性的光球大尺度磁场的边界处。因此，太阳物理学家们认为日珥出现在日冕磁力线的马鞍形凹陷处。因为当日冕磁力线有局部凹陷时，与磁场冻结在一起的色球物质沿磁力线一起运动，有一部分物质留存在这样的磁凹陷内，形成日珥。从侧面看，由于日珥物质所受的重力与洛伦兹力平衡，磁力线可以把日珥支撑住。当然，这种力的平衡是动态的，一旦磁场发生扰动或变化，很容易打破这种平衡，从而使宁静日珥转变为活动日珥，甚至产生爆发。

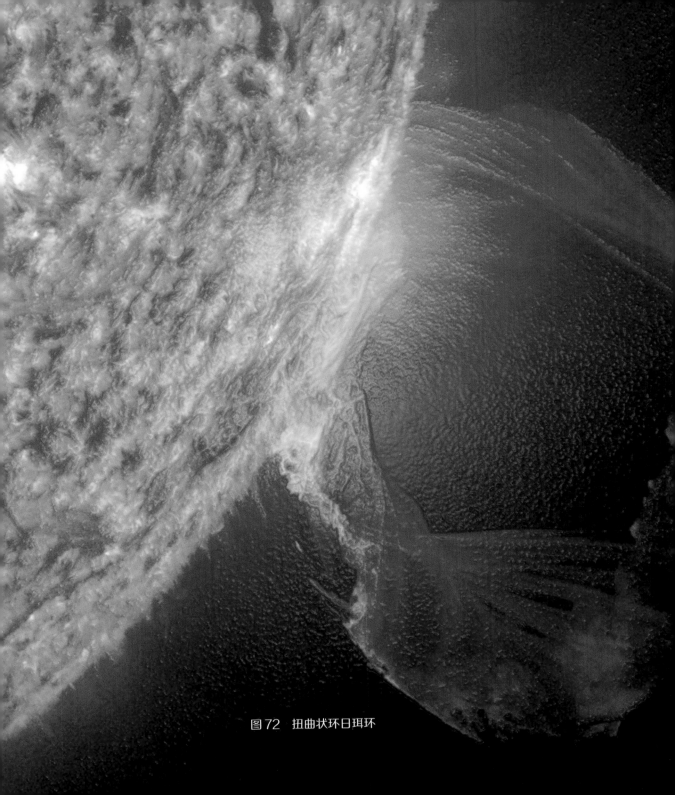

图 72 扭曲状环日珥环

什么叫光斑？

用太阳白光望远镜观测太阳光球时，可以发现，在太阳黑子周围存在一些比周围光球略明亮的小区域，有时会比黑子早几天出现，寿命也比太阳黑子长得多，这种现象称为光斑（Solar facula）。

光斑多出现在太阳表面的边缘附近，却很少在日面中心区域发现。因为我们观测日面中心区域时，望远镜接收到的电磁波辐射主要来自于光球层的较深气层；而在观测太阳边缘时，电磁波辐射主要来自于光球层较高位置，光斑比太阳光球层表面略高一些，相当于光球层上的高原。如果用太阳色球层谱线的单色光来观测时，将发现光斑上空的色球也存在比周围色球背景显著增亮的发生区，称为谱斑，是光斑在色球层的自然延伸。

光斑是太阳光球层中发生的一种活动现象，其出现的频率和面积与太阳黑子数一样也具有大约11年的活动周期。但光斑的纬度活动范围要比太阳黑子带宽15°左右。

观测还发现，在低分辨率望远镜中呈片状增亮的光斑，在高分辨率的观测中实际上是由大量亮元组成的，亮元的直径小于1000千米，位于米粒结构之间的暗径中，每个亮元可能对应于一个磁流管的顶部。在太阳活动区附近，亮元非常密集，形成光斑亮区；在活动区以外，亮元分布稀疏成网络状，形成光球网络，与光球磁场网络对应。光斑一般比太阳黑子早出现几小时到几天，形成后由两部分构成，显示出和黑子群类似的偶极特性。太阳较差自转把最初为圆形的光斑逐步拉成椭圆形，其前导部分略靠近赤道。光斑在发展末期分解为许多小块，然后逐步瓦解。

光斑的温度比周围光球大约高100开，亮度大10%左右。不过，根据太阳物理学家们的仔细分析，在相同几何高度上，光斑大气比周围光球冷，密度也比周围稀薄，因而气体热压力比周围低；与此同时，光斑的磁场比周围光球高。太阳白光观测与磁图对比分析还发现，太阳光斑亮元至少在小于 1000 千米的尺度上与磁元位置几乎是一一对应的。光斑的磁场主要是纵向磁场，强度达数百高斯，甚至上千高斯。磁压强与周围热压强之和与周围光球是平衡的，因此，光斑可以较长时间稳定存在。光斑磁流管的能量平衡与太阳黑子磁流管类似，能量是从磁流管的下方传输的。输出的能量则是从磁流管的顶部向外辐射的。

光斑看起来比周围光球亮的原因可用磁流管的热效应来解释。在相同几何高度处，光斑磁流管内部的温度比外部低，由于管外的横向辐射，热量在磁流管壁附近集聚，从而形成一个很薄的热墙。当光斑位于日面中心区域时，热墙的投影面积太小，几乎看不见；而当光斑位于日面边缘附近时，热墙投影面积大，因此，看起来就比周围光球更亮。

另外，还需要知道的是，光斑延伸到色球形成的谱斑的温度明显比其周围附近的大气温度高，这说明谱斑有附加的加热源。相关的加热机制目前仍然是理论家们非常关注而尚未解决的难题。

图73 光斑

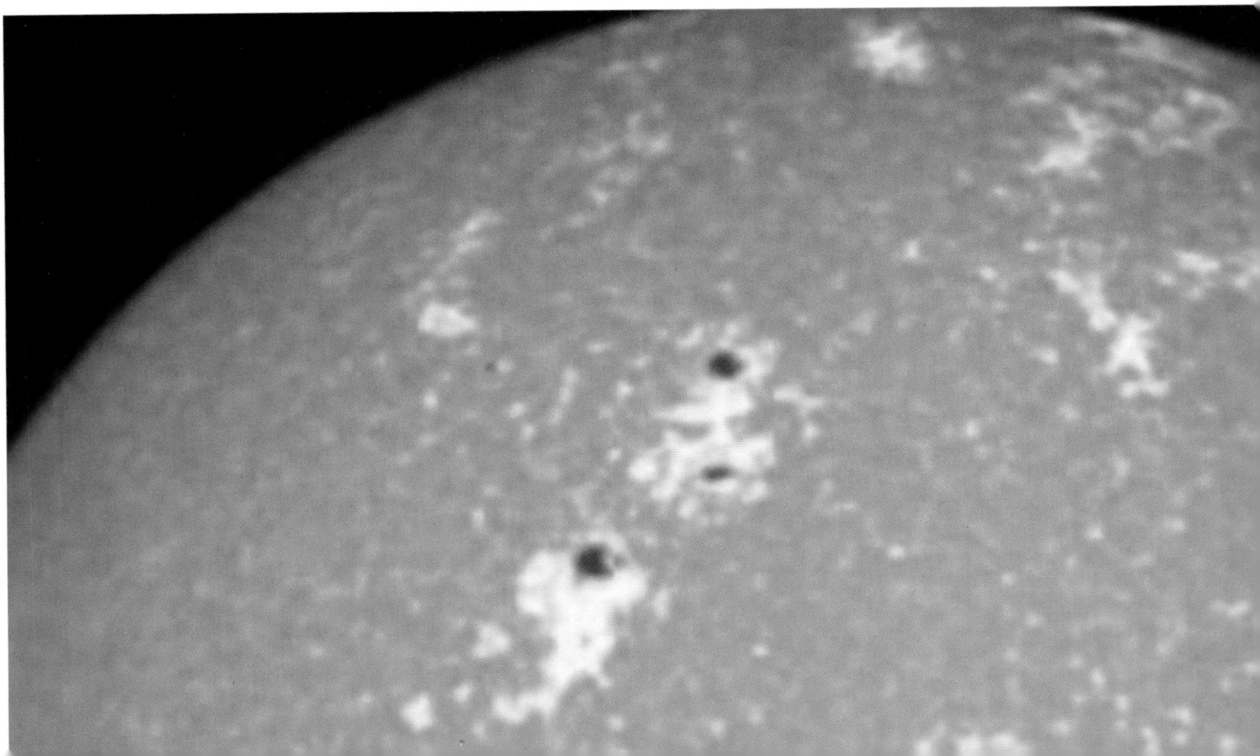

什么叫太阳活动区？

太阳活动区是指在太阳日面上各种活动现象频繁发生的区域。这些太阳活动现象包括太阳黑子、光斑、谱斑、耀斑、活动日珥等，以及一些规模较小的活动现象，如日浪、埃勒曼炸弹、X射线亮点等。在光球上太阳活动区主要表现为由光斑所包围的太阳黑子群，在色球中则表现为谱斑和活动区暗条，在日冕中则表现为一系列高温谱线的辐射增强和X射线的增强区。因此，一个充分发展的太阳活动区的跨度从太阳光球表面一直延伸到高层日冕大气中，其横向空间跨度可达20万千米以上。图74即为利用极紫外太阳望远镜观测到的太阳活动区的图像。

太阳活动区也具有产生、演化和消亡的全过程。在新的磁通量管从光球内部浮现出来以前，在光球表面可以看见一些面积逐渐增加的亮区。大约几个小时后，当新浮磁通量管到达太阳光球表面时，太阳大气被加热而产生X射线亮点，这些亮点大约在不到一天的时间内消失。有时，磁通量管会不断地浮现出来，在光球表面出现两组磁场极性相反的暗区，暗区周围出现谱斑。10～20小时以后，这些暗区发展成一对黑子。其中，前导黑子以大约每秒1千米的速度向西移动，后随黑子则基本保持不动或缓慢向东移动。两组黑子之间由一系列弧状纤维连接，此即为活动区冕环，其顶部能以每秒10～20千米的速度上升，其根部等离子体则以每秒20～40千米的速度下降。

一旦磁通量管的浮现停止，前导黑子的运动也相继停止。这时，太阳黑子区演化出半影结构。大多数黑子形成以后，经历大约几天到几个星期后逐渐退化消失，演变为弥散磁场，成为网络磁场的一部分。但是，当不断有新浮磁通量管浮现出来时，则活动区将持续扩大，并产生复杂的磁场极性。新浮磁通量管与活动区已有的磁通量管相互作用导致磁场剪切变形，并激发磁场重联，进一步将产生太阳耀斑等剧烈爆发活动。大部分太阳耀斑都发生在充分发展而极性复杂的活动区内。一个大的太阳活动区往往可以生存若干个太阳自转周，在这期间可以发生多次太阳耀斑的爆发事件。

太阳活动区上空的日冕密度一般比周围日冕高 10 倍左右，温度至少高 2 倍以上，这些活动区日冕通常称为日冕增强区或日冕凝聚物。活动区的另一个典型特征便是存在大量环状结构，称为活动区环。有的活动区环还会向外膨胀，膨胀速度为每秒 10 ~ 100 千米。

太阳活动区的消亡过程比较缓慢且漫长。在消亡过程中，磁通量管慢慢消散，谱斑面积扩大而亮度减弱，耀斑数量大大减少。跨越相反磁场极性区上方的活动区日珥和暗条变得非常醒目。在经过 3 ~ 4 个太阳自转轴以后，谱斑消失，活动区仅剩下一些磁场残余。暗条则在太阳较差自转的作用下逐渐被拉长，成为巨大的宁静日珥，并缓慢地向太阳两极地区漂移，直到最后消失。

图 74　太阳活动区及磁场的连接性

什么叫磁重联？

太阳和许多天体上剧烈的爆发现象往往在非常短暂的时间内就能释放出巨大的能量，加热周围等离子体并加速产生大量高能粒子，这些能量是如何释放的呢？为了解释这种大规模的剧烈能量释放过程，科学家们提出了磁重联（Magnetic reconnection）的概念，有时也称为磁场湮灭。它是天体物理中的一种非常重要的能量快速释放机制，也是磁能转化为粒子的动能、热能和辐射能的过程。目前，人们普遍认为太阳上的能量释放主要是通过磁重联方式来实现的。

我们知道，在磁场中，带电粒子仅绕磁力线做回旋运动，其动能保持不变，磁场是不会对带电粒子做功的。也就是说，磁场的能量很难转化为粒子的动能。那么，磁场重联又是如何实现释放磁能、加热等离子体和加速带电粒子的呢？

1956 年，英国科学家彼得·艾伦·斯威特（Peter Alan Sweet）提出，如果方向相反的磁力线确实断裂开来，再在它们之间的电流片中重新结合，即重新连接起来，磁场中能量的下降就会迅速得多。结果，两个相反的磁场就会在一场能量爆发中相互抵消，就好像物质与反物质的湮灭。相邻的磁场和其中包含的等离子体就会从两侧涌入电流片。这种现象的物理过程就是：由先前断开的磁力线连接而成的新磁场，将和等离子体一起，从电流片的两端抛射出去形成喷流，如图 75 所示。

实际的磁场重联过程要比图 75 中的情形复杂得多。20 世纪 50 年代末至 60 年代初，美国芝加哥大学的尤金·N. 帕克（Eugene N. Parker）给出了描述磁场重联过程的数学方法，被称为"斯威特—帕克磁重联模型"。

当方向相反的两组磁力线互相靠近时，在它们的接触面附近由于磁场的旋度不为 0，这时会

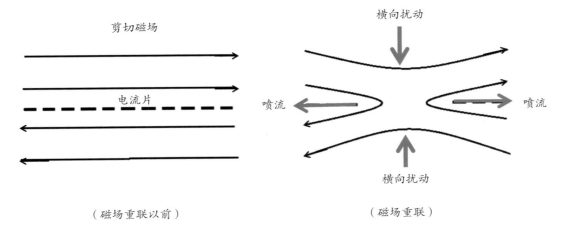

剪切磁场

电流片

横向扰动

喷流

喷流

横向扰动

（磁场重联以前）

（磁场重联）

图 75　磁场重联模型

产生垂直于磁力线方向的电场，在该电场的作用下可以加速带电粒子，被加速粒子的快速运动驱动周围等离子体的运动，从而在宏观上显示出类似于大气放电那样的剧烈能量转移过程。这个过程看起来就像磁力线断开了，并在不同方向上重新连接形成新的磁场拓扑结构。因此，这个过程便被称为磁场重联。

但是斯威特—帕克磁重联模型还是无法完全解释耀斑爆发的具体过程，因为磁力线的重新排布进行得太慢，无法说明能量释放的惊人速率。另一位科学家哈里·E. 佩斯奇克（Harry E. Petschek）仔细分析了斯威特—帕克磁重联模型的缺点，他提出在特定的环境下，磁场重联发生的速度要远远超过斯威特—帕克磁重联的速度。他所分析的这种现象，被称为"佩斯奇克重联"或者"快磁重联"。相对地，斯威特和帕克最先描述的现象就被称为"慢重联"。

太阳耀斑所释放的能量最初一定被储存在太阳磁场之中。因为耀斑都是从太阳活动区中爆发出来的，那里的磁场远远强于太阳的平均水平。在这些区域中，磁力线从表面延伸到太阳的外层大气——日冕之中，向上弯起，形成磁拱，其中束缚着炽热的气体，气体被加热到异乎寻常的高温——在 1000 万 ~ 4000 万开。日本学者增田智（Satoshi Masuda）发现，1992 年出现的一个耀斑的尖顶区域，发出了一团异常巨大的、能量较高的 X 射线辐射。他推断，源头是一团异常炽热的气体，温度可达 1 亿开。近年来，随着 SDO 等一系列高分辨率的空间太阳望远镜投入使用，人们在日冕中找到了更多这样具有高温尖角状爆发过程的事例，如图 76 所示。

图 76　磁场重联的观测特征

不过，我们从基本物理学原理中知道，磁力线是封闭曲线，怎么会断开呢？因此，有关磁重联的本质至今仍然是科学家们了解得非常有限的神秘领域之一，美国国家航空航天局最近一项日地探测任务——磁层多尺度任务（MMS 卫星探测计划），便将探测磁重联的本质作为其主要的科学目标，有待更进一步的探测和研究。

什么是太阳耀斑？

经常听人们提到太阳耀斑爆发，那么，太阳耀斑到底是什么样的呢？

所谓太阳耀斑（solar flare），是指发生在太阳大气中局部区域的一种剧烈爆发现象。耀斑爆发过程主要表现在如下几个方面。

(1) 释放出巨大能量。一次典型的太阳耀斑爆发，能在数十分钟时间内释放出大约 10^{25} 焦耳的能量。作为对比，一枚百万吨当量的氢弹爆炸所释放的能量为 10^{15} 焦耳，也就是说，一次典型的太阳耀斑释放的能量大约相当于 100 亿颗氢弹同时爆炸所释放的能量总和！

(2) 加热周围大气。耀斑释放出的巨大能量能引起太阳大气局部区域瞬时快速加热，能将耀斑核心区的等离子体加热到几千万开，几乎比太阳核心区的温度还高（当然，在这里，等离子体的密度远小于核心区）。

(3) 加速粒子。在太阳耀斑过程中，能产生大量超热粒子，包括超热电子、高能质子等。其中，超热电子的能量可达几十 KeV 到几百 MeV，高能质子的能量可达 1GeV 以上。

(4) 快速抛射出等离子体。从耀斑源区可以经常发现各种喷流现象，喷射的等离子体团的速度从每秒几十千米到数百千米以上。

(5) 电磁波辐射增强。在耀斑过程中，除了在可见光波段可以看到亮度的迅速增强外，还能在红外线、紫外线、X 射线、γ 射线和无线电波段看到辐射的迅速增强。

太阳耀斑爆发

图 77　一个典型的大太阳耀斑的爆发情形

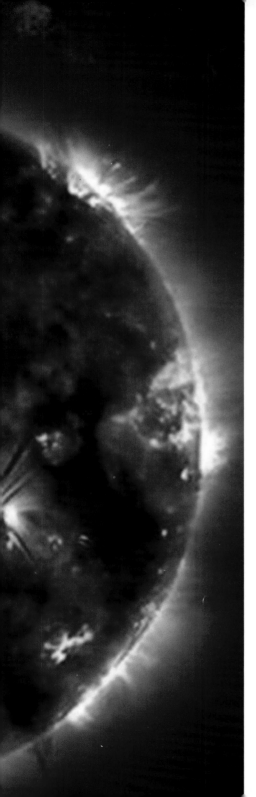

由于太阳光球的背景辐射太强，大多数耀斑在白光观测中是看不到的，辐射增强主要是在某些谱线上，例如氢的 Hα 线（波长 6563 埃，颜色为橙红色）和电离钙的 H、K 线（波长分别为 3968 埃和 3934 埃）等。当用这些单色光监视太阳色球时，会在活动区附近的谱斑中看到局部区域的突然增亮。增亮区由原有的谱斑亮度在几分钟内迅速增亮几倍甚至几十倍，然后在几十分钟至 1 ~ 2 小时内缓慢恢复至原有的谱斑亮度。1892 年 7 月，美国天文学家海耳首次观测到了太阳耀斑的单色像。

20 世纪 50 年代以前，人们主要是利用 Hα 单色光和可见区的光谱观测太阳耀斑。因此，关于耀斑的早期定义是指 Hα 单色光看到的太阳色球谱斑中的突然增亮现象，也称为色球爆发。在耀斑活动过程中，耀斑区面积的大小常常是衡量耀斑爆发规模的一个重要指数。因此，国际上过去曾采用耀斑亮度达到极大时的面积作为耀斑级别的主要依据。根据耀斑在 Hα 单色光图像上面积大小，将耀斑分为五级，分别以 S、1、2、3、4 表示。在级别后加 F、N、B 分别表示该光 Hα 图像上亮度是弱、普通和强。其中，最大最亮的耀斑是 4B，其面积超过太阳半球面积的 0.12%；最小最暗的是 SF 级，其面积不足太阳半球面积的万分之一。其他耀斑都介于这两者之间。

天文学家利用多种手段进行综合观测，发现在耀斑发生时，从波长短于 1 埃的 γ 射线，直到波长达几千米的射电波段，几乎全波段的电磁辐射都有增强的现象，并发射大量超热粒子流。因此，耀斑更准确的定义应包括上述一系列所有的突变现象，而 Hα 辐射的增强只是耀斑发生的一种次级标志。因为地球电离层对太阳软 X 射线辐射强度变化反应敏感，所以目前国际上广泛采用波长为 1 ~ 8 埃的软 X 射线辐射强度对 X 射线耀斑进行分级。根据美国 GOES 卫星观测的软 X 射线峰值流量将耀斑分成五级，分别为 A、B、C、M 和 X，所释放能量依次按数量级增大。各等级后面的数值表示 X 射线峰值流量的具体数值。例如，M2 级表示耀斑的软 X 射线峰值流量为 2×10^{-5} 瓦 / 平方米。具体分解见下表。

耀斑 X 射线级别	X 射线峰值流量（单位：瓦 / 平方米）
A	$< 10^{-7}$
B	$(1 \sim 9.9) \times 10^{-7}$
C	$(1 \sim 9.9) \times 10^{-6}$
M	$(1 \sim 9.9) \times 10^{-5}$
X	$> 10^{-4}$

一般 C 级以下的耀斑称为小耀斑；M 级耀斑为中等耀斑；X 级耀斑则为大耀斑。2003 年 10 月底至 11 月初期间的万圣节太阳风暴中（因正值西方万圣节期间而得名），太阳上爆发了一系列大耀斑事件。其中，11 月 4 日爆发的 X28 级耀斑是 GOES 卫星观测以来的最大耀斑。有时，人们也把 X 射线峰值流量大于 10^{-3} 瓦 / 平方米的耀斑称为超级耀斑（Super flare）。这样的超级耀斑常常会对我们地球周围空间环境产生巨大的破坏作用，甚至可能危及我们地上的许多高技术系统，例如毁坏卫星导航与通信系统、冲击地面大电网的安全运行等。

太阳耀斑的能量从哪里来？

在上一讲里，我们说了，一次典型的太阳耀斑能在几十分钟时间里释放出相当于 100 亿颗氢弹同时爆炸所释放的能量综合，或者相当于十万到百万次强火山爆发释放的能量总和，可见其威力之大。这是整个太阳系最猛烈的爆发过程。这么大的能量，是从哪里来的呢？

20 世纪 90 年代以后，随着一系列空间太阳望远镜先后发射并投入观测，科学家们发现，每一次太阳耀斑的爆发几乎都是从日冕或过渡区顶部开始的。爆发以后产生的超热粒子流向下轰击和加热色球，使色球温度急剧上升，引起色球物质蒸发并反过来加热日冕，形成热的 X 射线日冕源。那么，耀斑的这些能量又是如何从日冕中释放出来的呢？

简单的计算即可发现，重力能释放和热能释放都不足以提供耀斑所需的巨额能量。进一步的观测研究发现，在耀斑源区常常出现尖角状（Cusp）的结构，一些喷流和显示高能粒子束的射电Ⅲ型爆发也常常是从这样的尖角状结构附近开始向外高速射出的。基于种种观测特征，太阳物理学家们提出了磁场重联理论，认为太阳耀斑过程中释放的巨额能量是通过磁场重联的方式释放出来的——也就是说，太阳爆发释放的能量来自于日冕磁场！那么，日冕磁场能提供耀斑爆发所需的那么多能量吗？

让我们来做一个简单的计算。我们知道，在单位体积中，磁场的能量可以表示为 $\dfrac{B^2}{2\mu}$，这里 B 表示磁感应强度，单位为特斯拉，1 特斯拉 =10000 高斯。μ 为介磁常数。太阳耀斑源区的典型尺度为 2 万千米左右，则其典型体积为 8×10^{21} 立方米。于是，可算出在该耀斑源区的中磁场能量为：$E=3.2 \times 10^{28} B^2$ 焦耳。设耀斑源区的典型磁场强度为 0.1 特斯拉，则得到 $E=3.2 \times 10^{26}$ 焦耳。可见，这个数值比一个典型的大耀斑所释放出来的能量还高一个数量级。事实上，在耀斑爆发过

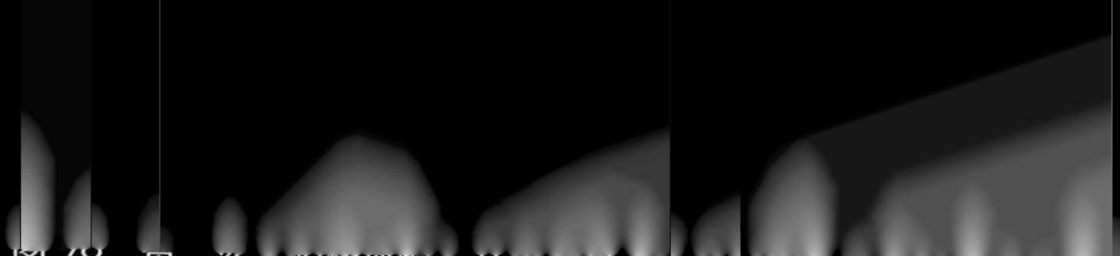

图 78　每一次太阳耀斑爆发几乎都是自先从日冕或过渡区顶部开始的

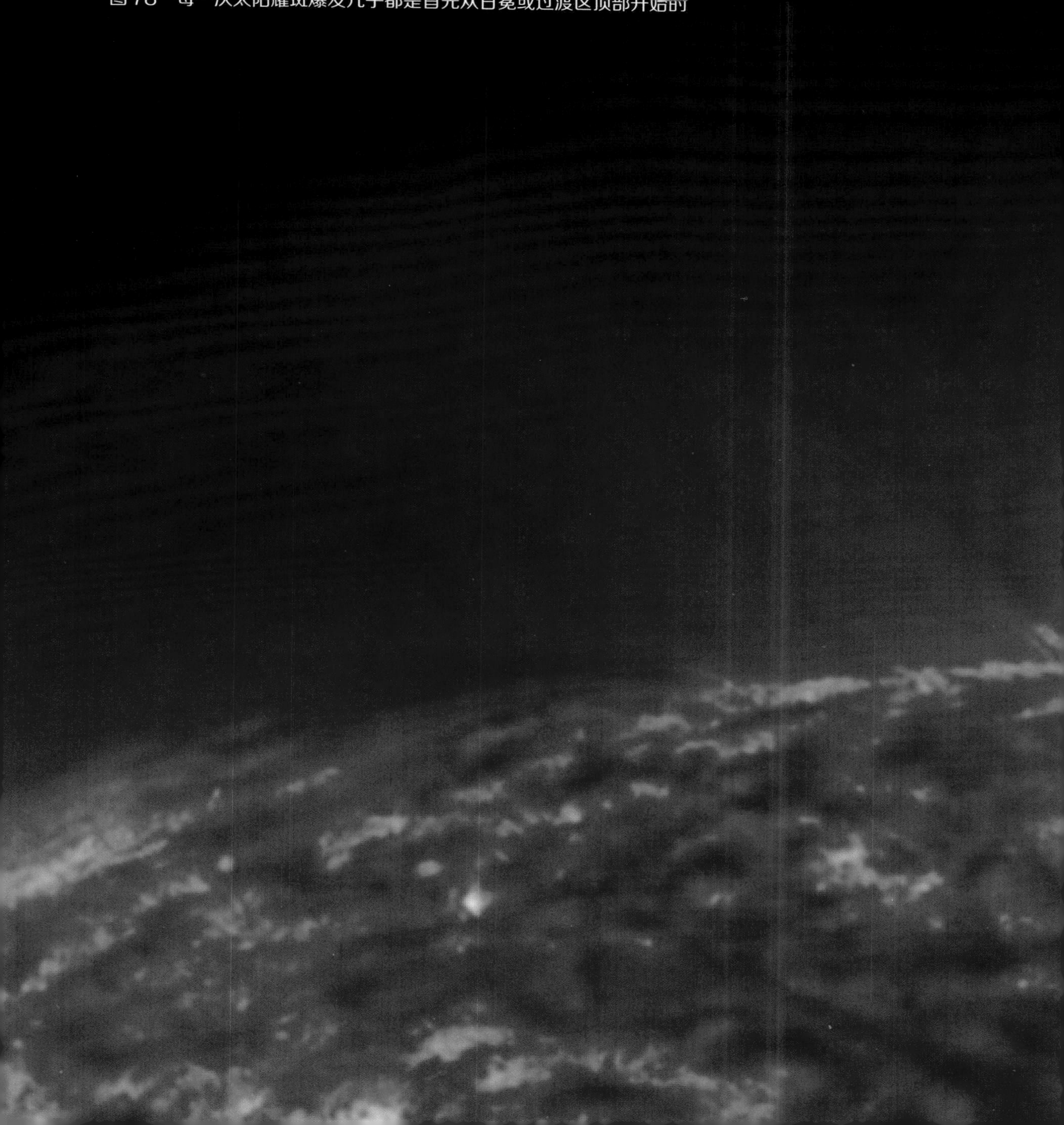

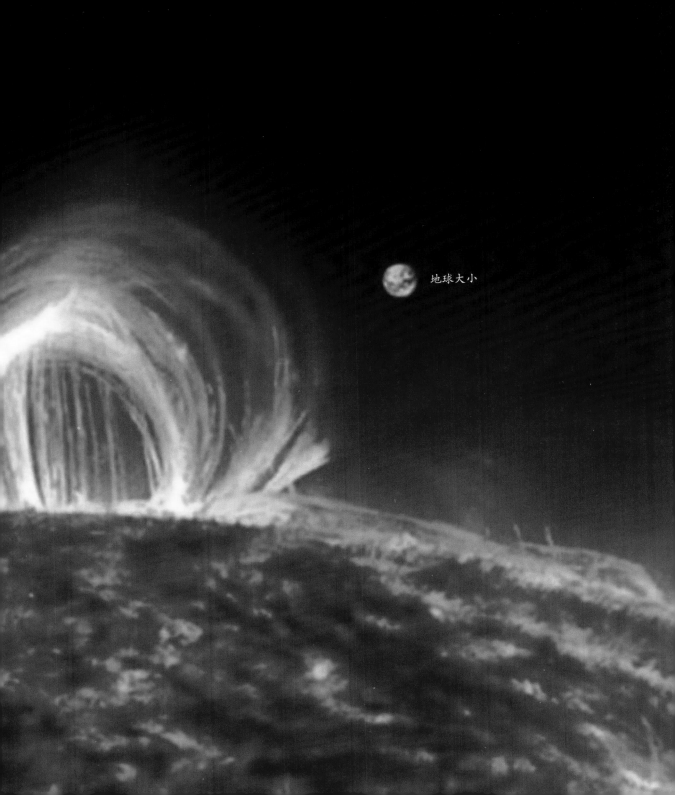

地球大小

程中，只有一小部分的源区磁场能量通过磁场重联的方式释放出来。这里又出现了另外一个基本问题：这些磁场能量又是从哪里来的呢？

科学家们通过观测发现，在所有耀斑源区都存在大量活动区环，这些环都扎根于太阳光球，耀斑爆发前在太阳光球物质的对流运动驱动下产生了剪切、转动、扭缠等运动。我们知道，所谓活动区环，其实质就是充满了等离子体的磁通量环，它们在剪切、转动和扭缠过程中必然会产生磁场的旋度，从而感应产生电流，并最终驱动磁场重联释放能量。而其最初的根源则是源于太阳光球内部物质的对流运动。我们知道，太阳光球的对流运动，从根本上说还是太阳内部能量的一种释放方式。也就是说，追本溯源，太阳耀斑释放的巨大能量最终还是来自于太阳内部，只不过其剧烈爆发过程首先是从太阳大气，尤其是低日冕区的磁场能量快速释放开始而已。

什么叫白光耀斑？

般情况下，利用连续谱的白光观测太阳时，我们是观测不到太阳耀斑的。只有通过少数单色谱线，如氢的 Hα 谱线、电离钙的 H、K 线，以及紫外线、极紫外射线和射电波段观测才能获得太阳耀斑的爆发信息，这是因为普通耀斑一般都是发生在高温日冕中的一种爆发过程。但是，有时在 Hα 谱线所看到的亮区中的一些更小的区域，通过白光观测也能看到突然增亮现象，持续时间大约几分钟，这就是白光耀斑。

白光耀斑是太阳耀斑中较为罕见的一种，由于主要在白光连续谱观测才能发现而得名。1859年卡林顿首次观测的太阳耀斑就是白光耀斑。从严格物理意义上讲，凡是具有连续谱爆发增强的耀斑应该都可以称为白光耀斑。美国著名太阳物理学家 Zirin 认为，只要望远镜的灵敏度和分辨率足够高，任何耀斑都可以观测到连续谱的爆发增强，因此，任何一个耀斑都可以称为白光耀斑。然而，有时实际的探测器的分辨率限制，自 1859 年观测到第一个白光耀斑以来，人们报告过的白光耀斑至今也只有 100 余个，基本上都属于强耀斑事件。

典型的白光耀斑的空间尺度非常小，只有 5 ~ 6 个角秒（3500 ~ 4000 千米），持续时间也很短，一般不超过 10 分钟。但是，白光耀斑释放的能量非常剧烈，可达每秒 10^{21} ~ 10^{22} 焦耳。因此，绝大多数白光耀斑都与大耀斑对应，大多数也是发射高能粒子流、极紫外射线、硬 X 射线，甚至 γ 射线爆发和与强射电爆发相关的质子耀斑等。

白光耀斑的连续谱辐射主要来自于低色球和光球层等太阳低层大气。但是，我们知道，耀斑的初始能量释放区是发生在日冕中的，在白光耀斑中能量如何在短时间内传播到低层大气中，就成了白光耀斑研究的一个重大难题。为了理解这个问题，正确区分白光耀斑的种类是很重要的。

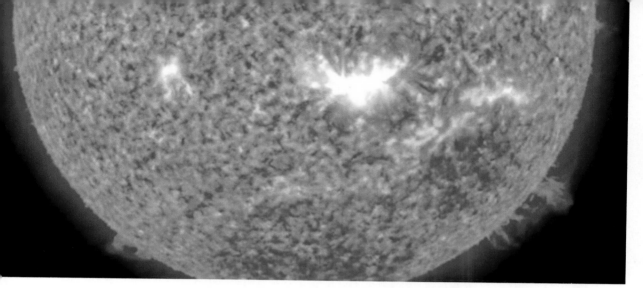

图 79　在白光照片上所看见的强耀斑爆发，即白光耀斑

根据太阳物理学家们的观测发现，白光耀斑可以分成两大类。

Ⅰ类白光耀斑：光谱中巴尔末谱线既宽又强，并且连续谱辐射的极大时刻与硬 X 射线和微波爆发的极大时刻相对应。

Ⅱ类白光耀斑：光谱中巴尔末谱线窄而弱，并且连续谱辐射的极大时刻与硬 X 射线和微波爆发的极大时刻没有对应关系。

我国太阳物理学家方成教授详细研究了各类白光耀斑，指出两类白光耀斑不但观测特征不一样，其对应的太阳大气模型也不一样。其中，Ⅰ类白光耀斑中色球加热显著而光球几乎没有显著的增温现象，Ⅱ类白光耀斑中色球加热不显著，但光球有明显的增温现象。据此推断，Ⅰ类白光耀斑可能是由日冕中的磁场重联产生的高能电子轰击低层色球大气产生的，因此在产生连续谱辐射增强的同时也有显著的硬 X 射线和微波爆发的出现；而Ⅱ类白光耀斑则很可能是由太阳低层大气重联产生的。近年来，人们在近红外波段的连续谱观测中也发现了白光耀斑事件。我们知道，红外波段的连续谱辐射产生于色球底部和光球的上部，红外波段的白光耀斑要求加热过程必须发生在相当深的大气内。南京大学的丁明德教授提出，它们可用非热电子加热和辐射再加热机制来解释。

由于观测事件有限，有关白光耀斑的形成过程还有很多细节没有弄清楚，有待人们去进行进一步的探测和研究。

什么是微耀斑?

前面我们已经提到，根据软 X 射线的辐射流量强度，我们可以将太阳耀斑按照由强到弱分成 X 级、M 级、C 级、B 级和 A 级等若干个等级。其中，一次典型的 X 级耀斑能够释放出大约 10^{25} 焦耳的能量，这是整个太阳系中最为猛烈的爆发过程。但是，从统计上说，X 级耀斑发生的机会并不多，即使在太阳活动峰年，平均每周也不到一次。我们目前所处的整个太阳第 24 活动周，自 2009 年以来，一共只发生了 43 次 X 级耀斑。统计研究发现，等级越小的耀斑，发生的次数越多，它们大致服从一个幂律谱的分布。例如，第 23 太阳活动周期间（1997—2008 年），一共发生了 X 级耀斑 125 次、M 级耀斑 1444 次、C 级耀斑 13000 余次。至于 B 级和 A 级，没有准确的统计，初步估计 B 级耀斑大于 10 万次以上，A 级耀斑则在 100 万次以上。而且，人们还发现，B 级和 A 级耀斑的持续时间往往非常短，大多在 10 分钟以下，耀斑源区也非常小，通常只有几个角秒的亮点，因此，我们通常也把 B 级和 A 级耀斑称为小耀斑。

最近 20 年以来，人们先后利用高分辨率的地基和空间太阳望远镜观测发现，太阳表面还普遍存在比 A 级小耀斑还小的爆发过程，它们的爆发源区更小、持续时间更短、单次爆发释放的能量一般在 10^{19} ~ 10^{22} 焦耳。这样的耀斑称为微耀斑（Micro-flare）。图 80 为一极紫外卫星图像，除了在活动区的亮环外，在活动区以外的区域也可见到许多亮点，这便是微耀斑的一种表象。

微耀斑远比上述所说的小耀斑和大耀斑发生的数量多得多。无论是在太阳活动的峰年还是低年，微耀斑几乎每天都能发生。在空间分布上，除了在黑子活动区附近频繁出现外，微耀斑在宁静区网络磁场边界附近也经常发生。其爆发源区大多数发生在色球—过渡区，有时也在低日冕发生，主要表现为极紫外或软 X 射线辐射的增强，并伴随有射电和硬 X 射线爆发现象。例如，

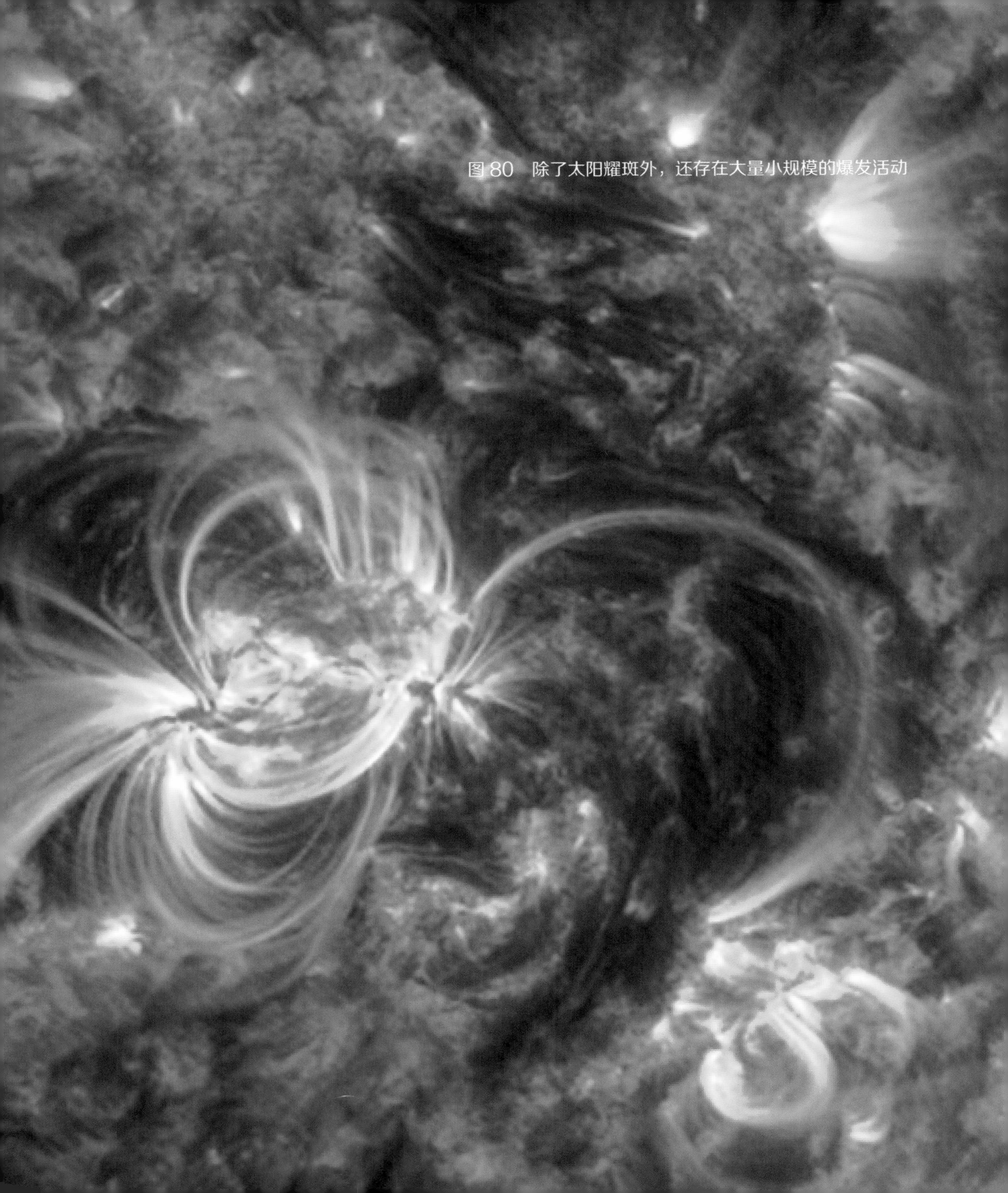

图 80　除了太阳耀斑外，还存在大量小规模的爆发活动

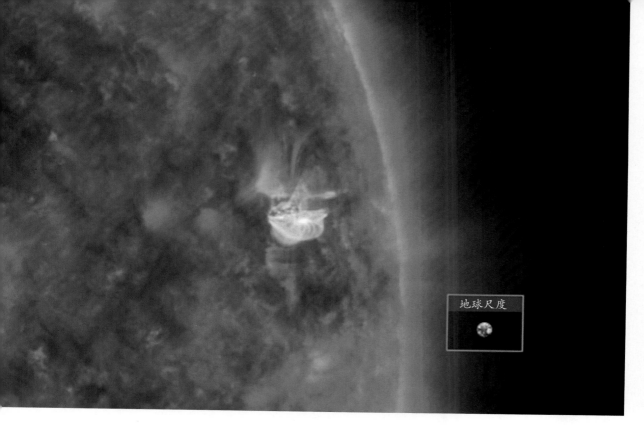

图81　2018年3月2日AIA观测太阳上的一个小爆发

2004年邱炯等人统计研究了760个微耀斑事件，发现大约40%的微耀斑存在10keV以上的硬X射线辐射增强和10GHz附近的微波辐射显著增强。微耀斑的源区表现为简单多环或单环结构，并且在爆发过程中，这些微耀斑环的温度可以达到一千万开以上，并且还观测到色球物质抛射和X射线喷流等现象，显示了其爆发过程很可能与大耀斑类似，只不过尺度更小、源区更低而已。

因为小耀斑和微耀斑的数量非常大，其释放的总能量也是非常可观的。因此，许多学者，包括一些国际著名的理论天体物理学家，如E. Parker等人主张，是微耀斑释放的能量加热了日冕大气。这要求微耀斑发生的数量必须足够多，从分布上说，则要求微耀斑分布的谱指数大于2。但是，自1995年以来，包括日本学者Shimizu等人在内的许多学者都做过大量的统计研究，发现微耀斑分布的谱指数只有1.4～1.6，由此推断，微耀斑所提供的能量还不到加热日冕所需能量的1/100！因此，还需要更多的能量释放来解释日冕加热过程。

感应耀斑是如何激发的呢？

大约在 20 世纪 70 年代，人们发现当太阳上一个活动区发生耀斑爆发后，几乎同时，在临近的活动区中也会产生耀斑爆发。经过人们进一步的分析，发现这两个活动区实际上是通过一定的冕环连接起来的，这种跨越两个活动区的冕环也被称为跨活动区环。当一个活动区里发生耀斑爆发时，通过跨活动区环也对另一个活动区产生扰动，从而触发了第二个活动区里的耀斑爆发。这种在具有跨活动区环连接的不同活动区里几乎同时发生的两个耀斑，称为感应耀斑，英文里称 Sympathetic flares。如图 82 所示，在活动区 12436 中发生一个 C 级耀斑之后，大约 2 分钟在活动区 12437 中也发生了一个 B 级耀斑，随后在活动区 12435 里也发生了一个 C 级耀斑。从图中可以清楚看到，活动区 12436 与 12437 之间存在跨活动区环的连接，而在活动区 12437 与 12435 之间也有跨活动区环的链接。那么，这种不同活动区之间的耀斑是如何感应的呢？

首先，我们要分清感应耀斑和同时耀斑的区别。从观测中，有时我们会发现在太阳上不同的活动区中几乎同时发生耀斑爆发，但这些活动区之间基本没有物理上的联系，这类耀斑我们称为同时耀斑。而感应耀斑与同时耀斑不同，它们不但几乎同时发生，而且它们的活动区之间是由跨活动区环互相连接的，因此，它们之间是有物理联系的。我们知道，冕环的本质是充填有等离子体的磁通量环，它们既是日冕等离子体的结构化的一个表征，同时也是磁场结构的一种显示。因此，跨活动区环的连接本质上就是两个活动区的磁场之间的连接，有了这种连接，就有可能使两个不同活动区之间的爆发活动产生物理联系，这种联系过程可以通过如下两种方式去实现。

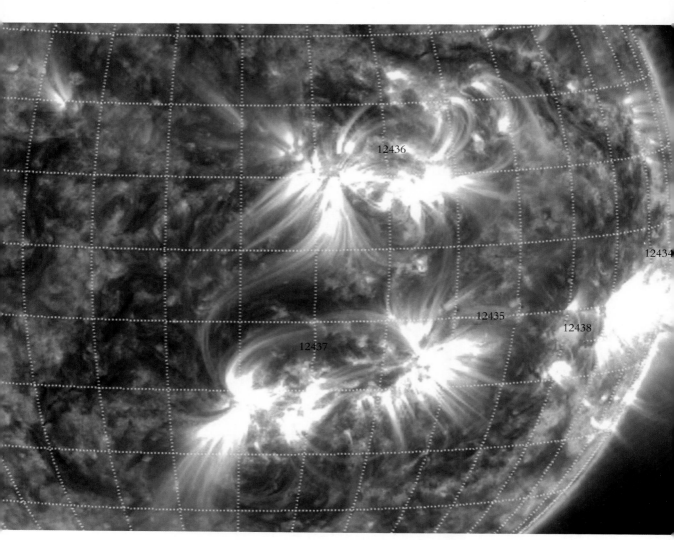

图82 不同活动区之间是有可能通过磁场连接而发生相互作用

（1）　超热粒子流的轰击。耀斑过程中会产生超热粒子流，这些粒子流是有超热电子和超热质子等带电粒子组成的。在有磁场的情况下，超热带电粒子流最容易传播的通道便是沿一定的磁通量管方向。当一个活动区发生耀斑爆发时，产生的超热带电粒子流沿跨活动区环传播而注入到另一个活动区中，从而在后者产生扰动激发磁场重联，引起第二个活动区里的耀斑爆发。

（2）　磁流体波的扰动。耀斑过程中会在活动区各磁通量管中产生扰动，这些扰动将以磁流体波的形式沿磁通量管传播。其中，沿跨活动区环传播的磁流体波，如阿尔芬波、磁声波等，当它们传播到另一个活动区时，也会对后者的磁场产生一个剧烈扰动，从而激发磁场重联触发耀斑爆发。

不过，对于上述耀斑之间的感应方式，目前还缺乏足够的观测证据。主要原因是无论超热粒子流，还是磁流体力学波，受当前的观测水平的限制，我们都很难直接观测到。因此，迄今我们还很难确定它们是如何对临近活动区中的耀斑进行感应触发的，有待更多高分辨率、多波段的观测证据的支持。

什么叫阿尔芬波?

前面我们多次提到阿尔芬波,认为阿尔芬波可以传播能量、加热太阳大气等。那么,到底什么是阿尔芬波呢?

20世纪40年代,瑞典物理学家阿尔芬(H. Alfvén)对等离子体物理和磁流体力学进行了一系列开拓性的研究,获得了1970年的诺贝尔物理学奖。他首先提出等离子体是宇宙中比固态、液态或气态更为普遍的物质状态;提出了磁冻结原理,即因为带电粒子在磁场中绕磁力线做回旋运动,磁场越强回旋半径越小,等离子体中的所有粒子就像冻结在磁力线上一样上协同运动,磁场扰动会带动等离子体一起运动,而等离子体的扰动也会带动磁场位型和结构的改变。这样,原本没有质量的、假想的磁力线,因为冻结了等离子体,就具有了质量,相应地也有了惯性。我们可以把磁力线看成是一条张紧的弹性绳,其中既有张力,称为磁张力;在受到扰动时也有惯性恢复力。当在垂直于磁力线方向上受到一个横向扰动时,磁力线将在磁张力和惯性力的共同作用下发生振动,这种振动沿磁力线方向的传播会形成一种波,这是首先由阿尔芬教授提出来的,因此称为阿尔芬波。

阿尔芬波是磁化等离子体中沿磁力线方向传播的一种低频磁流体力学波。当波的频率远小于离子回旋频率时,波的速度主要决定于等离子体的密度和磁张力,如弦的传播速度决定于弦的质量密度和弦的张力一样,可以表示为:$v_A = \frac{B}{\sqrt{\mu\rho}}$,这里 B 表示磁场强度,ρ 为等离子体的密度,主要由等离子体中的离子的数密度和质量决定。阿尔芬波的速度远小于光速,并且不随波的频率而变化。

阿尔芬波沿磁力线方向传播,等离子体振动和磁力线扰动的方向垂直磁力线,因此,阿尔芬波与一般的电磁波相似，也具有与横电磁波相似的特性，为横波。不过，阿尔芬波与电磁波也具有本质上的区别，波的磁能远大于电场能，且只能在等离子体中传播，而电磁波是可以离开等离子体在真空中自由传播的。

阿尔芬波广泛存在于晶体、地球大气层和磁层、太阳大气、恒星大气及宇宙空间的等离子体甚至实验室受控热核聚变等离子体中，在许多等离子体物理过程中发挥着重要作用。20 世纪 60 年代开始，科学家们就在 0.3 ~ 20AU（日地距离）间的太阳风观测中证实了阿尔芬波的广泛存在。在高纬度地面上观测到的一种频率在 0.001 ~ 10 赫兹的地磁脉动，即为沿地磁场传播的阿尔芬波。

阿尔芬波对理解太阳、恒星、星云以及地球空间等离子体中的许多物理过程，如日冕和星冕加热、高能粒子的起源、太阳风加速、地磁扰动的形成，以及受控核聚变研究、超音速飞行、外空推进器提供动力以及飞行器重新进入地球大气圈时的制动等过程都有重要意义，引起科学家们的广泛关注。

图 83 中扭曲状波浪形外延的日珥，被认为可能就是太阳高层大气中阿尔芬波产生的。2007 年，美国国家大气研究中心的天体物理学家史蒂夫·汤姆泽克（Steve Tomczyk）与他的同事们曾经宣称发现了太阳低层大气中的阿尔芬波，并认为这种阿尔芬波可能为日冕加热提供了重要的贡献。不过，2008 年英国天体物理学家汤姆·范·道斯拉尔（Tom Van Doorsselaere）认为美国学者发现的不是阿尔芬波，而是一种扭曲波（Kink waves），而且并不能为日冕加热提供足够的能量。有关太阳低层大气中是否存在阿尔芬波，科学家们还在继续努力探索。

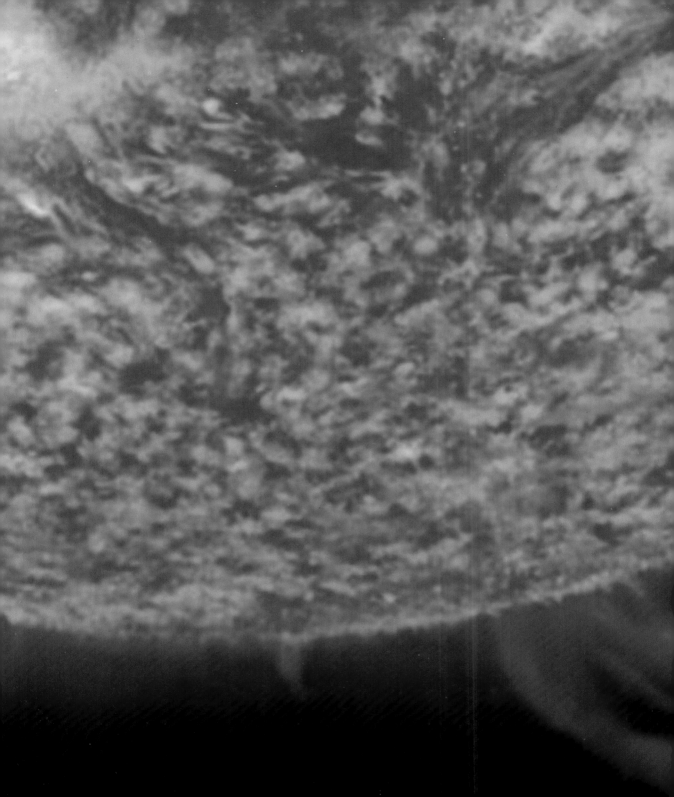

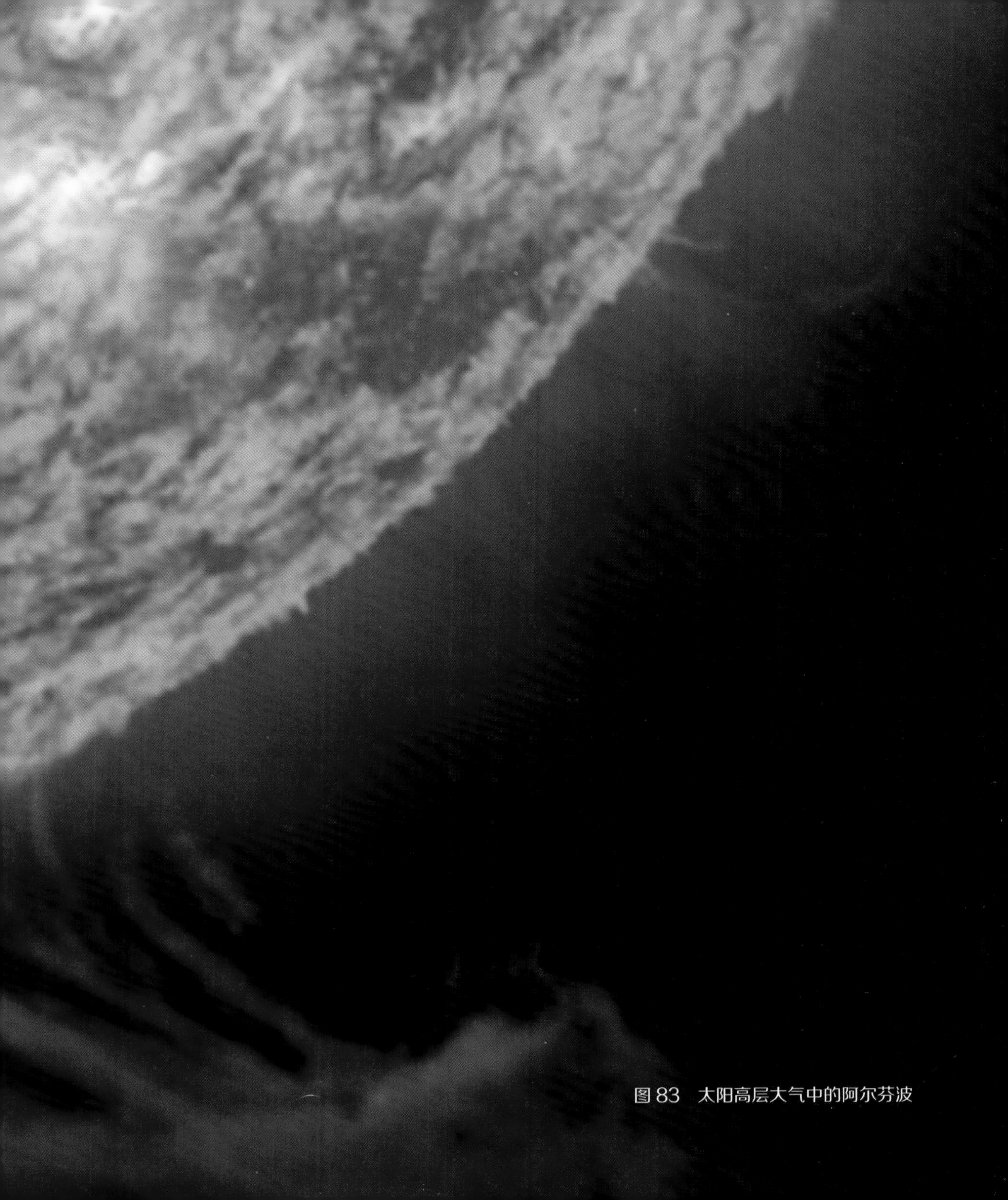

图 83　太阳高层大气中的阿尔芬波

太阳交响乐是怎么回事？

大约在 2010 年，英国谢菲尔德大学太阳物理学家们对媒体宣布，他们对太阳日冕层产生的声波进行"转录"，首次推出了"太阳交响乐"。这是真的吗？太阳交响乐是什么？

其实，这里所说的太阳交响乐就是一种磁声波，是磁化等离子体中的声波与阿尔文波互相耦合形成的一种波。和前面介绍的阿尔芬波一样，磁声波也是一种磁流体力学波。

在普通空气中，当产生一个振动并向外传播时，就形成声波。声波是一种纵波，是弹性介质中传播的一种压力振动。同样的，等离子体作为一种气体也属于弹性介质，压力振动也能传播而形成声波。但是，当等离子体中存在磁场时，由于磁场与等离子体的互相冻结，等离子体中的压力振动除了与等离子体本身的特征有关外，还受磁场的制约。因为压力振动可以产生纵波声波，而磁场的扰动可以沿磁力线产生一种横波——阿尔芬波，当这两者同时存在时，它们互相耦合，即产生一种具有新特点的磁流体力学波——磁声波。

太阳大气都是磁化等离子体，并且形成各种空间尺度的磁化等离子体环，有时我们也称为磁通量环。除了大规模的太阳耀斑爆发外，在太阳低层大气中随时都在发生着规模较小的微耀斑和纳耀斑等爆发事件。这些爆发事件虽然小，但是每一次这样的爆发释放出的能量仍然相当于数万颗氢弹爆发释放的总能量。每一次这样的爆发活动都会对周围的磁通量环产生剧烈的压力扰动。这样的扰动犹如人们拨动琴弦一样，从而产生波动。在一般情况下，通过耀斑爆发拨动磁通量环而产生的波，都是磁声波。

常识告诉我们，人耳能够听到的声波频率一般在 20 ~ 20000 赫兹，而太阳日冕大气中的磁声波的频率通常都很低，在 1 赫兹以下，甚至只有千分之一赫兹左右，远远超出我们人耳能识别

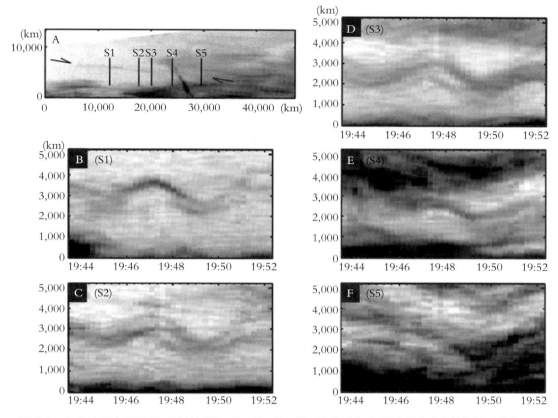

图 84 　A 为太阳表面局部区域的图像，B、C、D、E、F 分别为 A 图中 S1-S5 处的波动特征

的声音范围。为此，英国谢菲尔德大学的太阳物理学家们借助这些环状磁场的卫星图像，根据它们的可见振荡专门编写了声音，通过提高频率，使人耳能够听到。太阳交响乐就这样诞生了。这些环状磁场振荡起来，就像吉他的弦或管乐器中的空气，这些声波能够持续一个多小时，然后随着时间逐渐减弱、消失。不过，在其他地方又会产生新的振荡，从而形成新的交响乐。在太阳大气中此起彼伏，悠扬婉转。

　　由于太阳大气中随时都在发生着微耀斑和纳耀斑等小型爆发现象，因此，太阳大气中总有磁通量环被拨动着，振动着，并产生频率不同、持续时间也不一样的丰富多彩的太阳交响乐。通过收听这样的交响乐，可以获得许多关于太阳大气层的结构与活动特征以及能量传输特征，尤其是低层太阳大气活动的物理机理的新知识。

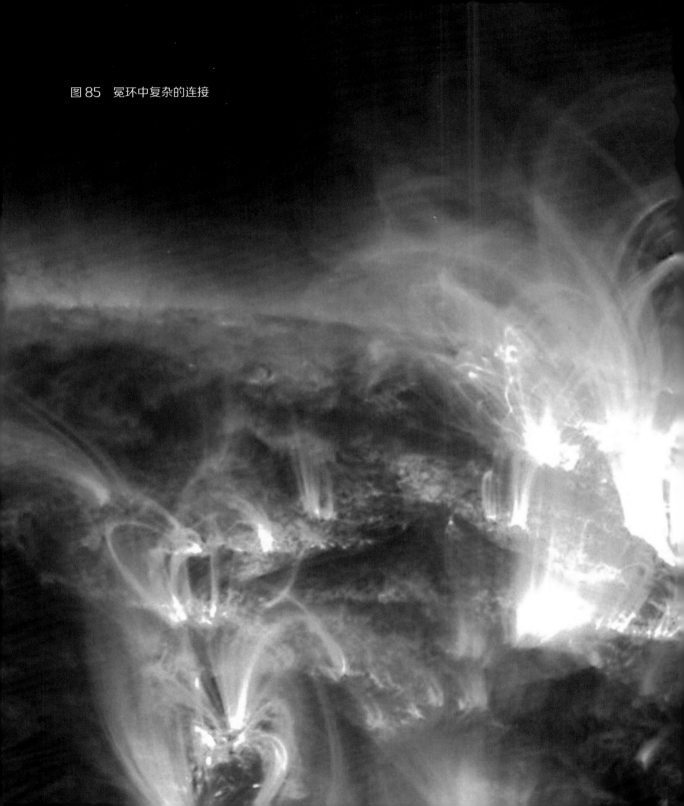

图 85　冕环中复杂的连接

什么叫磁激波？

大家一定都听说过激波（Shock wave）。例如，当炸弹爆炸时就会产生冲击波，这就是一种激波。当一个飞行器以亚音速飞行时，它对前端气体的扰动传播速度比飞行器飞行速度大，扰动集中不起来，这时整个流场上的流动参数（如温度、密度、流速、压强等）的分布是连续的。但是，当飞行器以超音速飞行时，它对周围气体的扰动就来不及传播到飞行器的前面去，结果前面的气体受到飞行器突跃式的压缩，形成集中的强扰动，这时将产生一个处于压缩状态的界面，称为激波。图86便是一架超音速飞机飞行时产生的激波形态。在这里，超音速是形成激波的基本条件。

激波是大振幅扰动引起的非线性波。经过激波，气体的压强、密度、温度都会突然升高，流速则突然下降，即具有压缩和加热的效应。图87表示激波上下游之间物理参量的变化，其中物理参量迅速变化的过渡区称为激波面，这是物理参数的一个间断面。激波面的厚度则主要取决于非线性扰动与耗散效应之间的平衡。

那么，什么叫磁激波呢？它和普通激波有什么区别？

所谓磁激波，就是在磁化等离子体中产生的激波，也称磁流体激波。在磁化等离子体中，因为有磁场和等离子体的耦合，形成激波的过程就比普通激波复杂得多。在这里，除了有温度、密度、压力的间断外，还有磁场间断，因此，激波面中还会有电场出现并存在电流。正因为这样，磁激波的耗散效应除了因等离子体的黏滞效应和热传导外，还有因为等离子体的有限电阻引起的焦耳耗散效应。当磁激波的波阵面上的耗散主要由粒子碰撞引起时，这种磁激波称为碰撞激波，激波面的厚度一般为离子的平均自由程量级。当激波面的厚度远小于粒子的平均自由程时，激波

图86　当飞机速度超过音速时会产生激波

内的耗散主要不是由黏滞效应、热传导和焦耳耗散等碰撞过程引起，这种激波称为无碰撞激波，其厚度大约为离子的回旋半径量级。无碰撞激波的耗散是通过等离子体的集体效应，如等离子体不稳定性、波粒相互作用引起的等离子体湍流等。当等离子体湍流在激波能量交换中起主要作用时，称为湍流激波。在太阳日冕、空间等离子体以及其他许多天体等离子体基本都是高温低密度无碰撞的，很容易产生无碰撞激波。

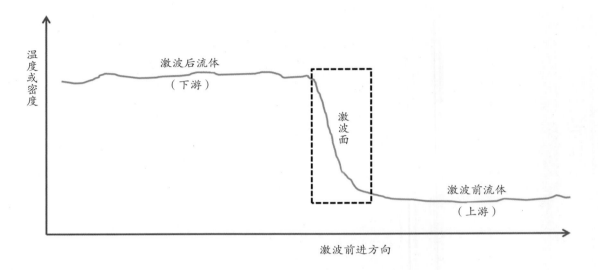

图 87　激波的构成

　　根据速度大小，可以将磁激波分成快磁激波、慢磁激波和中间磁激波三类。在快磁激波中，法向速度从超快磁声速跳跃到亚快磁声速，并且都是超阿尔芬波速的；在慢磁激波中，法向速度从超慢磁声速跳跃到亚慢磁声速，并且都是亚阿尔芬波速的；在中间磁激波中，激波前速度大于局部阿尔芬波速，而激波后速度小于局部阿尔芬波速。

　　因为在磁激波中存在电场，因此就会对激波面内的带电粒子产生加速作用。激波加速是在太阳大气和天体等离子体中最重要的一种加速产生高能粒子的途径。因此，磁激波的研究对于我们理解太阳大气和天体等离子体中的加热和粒子加速、高能宇宙射线的起源等都具有非常重要的意义。

太阳色球如何蒸发？

我们知道，蒸发是指液体在被加热时变成气体的一种物理过程。例如，水被加热时会变成水蒸气等。前面我们也介绍过，太阳本身就是一个由气体构成的高温炙热大火球，那么，太阳物理学中的所谓色球蒸发又是怎么一回事呢？

1968 年，太阳物理学家 Neupert 为了解释在太阳耀斑过程中微波爆发和软 X 射线辐射极大值之间的时间延迟现象，提出了色球蒸发原理：太阳耀斑在高层大气——日冕中爆发时，产生的超热粒子流会引起微波爆发，这些超热粒子流向下传播到达色球时，通过与色球稠密等离子体的碰撞交换能量，从而引起色球物质被加热到很高的温度，变成热等离子体，产生软 X 射线辐射的增强。从耀斑的日冕源区产生的超热粒子流传播到低层色球引起色球加热时需要经历一段时间，正好可以解释微波爆发和软 X 射线辐射极大值之间的时间延迟。色球物质被加热到高温以后会迅速向上转移。在这里，温度相对较低的色球稠密等离子体相当于"液体"，被加热以后形成的高温等离子体则相当于"气体"，整个上述过程便被形象地称为"色球蒸发"。

在观测上，色球蒸发表现为高温谱线，如软 X 射线的多普勒蓝移，对应于色球物质的向上运动，上升流速度为每秒 200 ~ 400 千米。蒸发过程一般均发生在耀斑的脉冲相，有时也会出现在耀斑前相。一般情况下，在耀斑脉冲相大多出现爆发式的色球蒸发，可能主要由超热粒子流驱动的；而在耀斑前相发生的色球蒸发则较为温和，推断可能是由热传导驱动的。利用统计分析，人们还发现，多数大耀斑中的色球蒸发是爆发式的，而一些较弱的小耀斑中的色球蒸发过程则是温和型的。

近年来，国内外的太阳物理学家们还通过磁流体力学数值模拟研究从耀斑的磁场重联开始到

引起色球蒸发的全过程，所得到的结果与观测特征基本上一致。但是，也还存在一些问题没有搞清楚，例如，加热机制是热过程还是非热过程？目前，人们提出了两种加热机制：非热电子束加热和热传导加热。这两种机制都能对观测特征给出一个合理的解释。到底哪一种加热机制占主导还不清楚。另外，为什么在不同耀斑事件中，谱线红移与蓝移的转变温度不一样？多数耀斑事件中，这个转变温度为 100 万开左右，但是也发现部分耀斑中，这个转变温度高达 200 万开以上。太阳物理学家 Milligan 等人提出，在耀斑区可能存在虹吸流，将部分高温物质向下转移，从而产生红移现象。这些问题都还需要更高分辨率的观测来回答。

前面提到的色球蒸发都是指在耀斑过程中发生的。实际上，在耀斑以外的其他区域也同样可以发现色球物质被加热并产生物质向上运动和谱线蓝移的现象，这样的过程同样也可以称为色球蒸发，它们往往同一些微耀斑、喷流等小型爆发活动有关。同在耀斑过程中一样，非热粒子束流或热传导加热是产生色球蒸发的重要原因。

综上所述，色球蒸发现象本质上是太阳高层大气中的爆发过程和能量释放过程在下部色球中的一种响应。通过对色球蒸发现象的研究，可以更好地理解太阳大气中的爆发过程和能量转移规律。

太阳大气中喷流是如何形成的?

喷流（Jet）是宇宙中许多天体附近经常发生的一种非常壮观的现象，从天体附近喷射出高度定向、狭长、准直、高速的物质流。常见于具有强引力场的黑洞、中子星、类星体、射电星系、微类星体等天体附近。图89便是一个超大质量黑洞产生的喷流图像。类星体发射的喷流更为壮观，尺度可达数百万光年，并在如此大的距离上保持准直，在几百万年内保持喷射方向不变，物质喷射速度甚至可接近光速。

上述喷流现象都是发生在具有强引力场附近的，与强吸积过程密切相关。但是，科学家们发现，太阳大气中也经常发生各种尺度的喷流，这又是怎么回事呢?

太阳大气喷流，主要表现为从太阳大气低层发出的长条形的喷射轨迹，可分为大尺度喷流和小尺度喷流两类。其中，大尺度喷流发生在太阳日冕，是从底部大气喷发的，并时常伴随耀斑爆发，喷射长度可达几万千米到数十万千米。而小尺度喷流则主要发生在太阳色球和低日冕中，分布非常广泛，并具有准周期性发生，其周期间隔从几分钟到几个小时不等。例如，太阳 II 型针状体便是一种小尺度的喷流现象。喷流的长宽比都大于 3，具有类似长圆柱体的形状;喷射速度为每秒 10 ~ 1000 千米，平均速度为每秒 200 千米。喷流的持续时间从几分钟到十几个小时不等。随着太阳望远镜的分辨率的逐步提高，人们还发现，在喷流的横向还存在着旋转结构，旋转方向和底部的磁场密切相关。

太阳大气喷流的出射位置大多位于活动区和冕洞附近，少数会发生在宁静区。科学家们统计分析发现，喷流在冕洞边缘的发生概率是冕洞的 2 倍左右，是宁静区的 3 倍以上。同时，人们还发现，不同的喷流，其内部等离子体的温度也明显不同。即使同一个喷流内的不同位置的，温度

图 89　在垂直于黑洞吸积盘的方向上会产生剧烈喷流

也不一样。当喷流的温度比较低的时候，它们可以在 Hα 线的观测中被观测到，称为 Hα 冲浪（Hα surge）。温度比冲浪高一些的喷流，则可以在紫外或者极紫外波段被观测到，称为紫外 / 极紫外喷流。此时喷流物质的温度可以达到几万至几百万开。温度最高的喷流可以在 X 射线中被观测到，称为 X 射线喷流，温度可达上千万开。不同喷流具有不同的温度，其主要原因可能是由其形成的高度不同而产生的。偶尔我们还可以观测到一些喷流达到极高的高度，以至于可能从太阳上逃逸，并被白光日冕仪观测到，因此，被称为白光喷流（White-light jets）。

　　那么，太阳大气喷流是如何形成的呢？要知道，太阳上可不存在像黑洞那样的强引力场和强吸积过程。由于太阳大气喷流的发生总是与一定的磁场结构有关，因此，科学家们提出喷流的发生一定与某种形式的磁场重联有关。通过磁场重联，太阳局部大气磁能释放，驱动喷流发生，并从色球向日冕输送能量。不过，在具体的喷流事件中，由于磁场位型千差万别，重联的初发位置也不一样，因为激发的喷流在喷射方向、速度、喷射时间、喷射高度、重复性特征等方面也千差

喷流

图90　太阳大气中的喷流

万别。尤其是，在观测上，我们还发现在某些太阳宁静区和冕洞区域也存在喷流现象，在这里几乎找不到磁场重联的迹象，这又该如何解释呢？或许，我们可以考虑利用磁场梯度抽运机制来解释这类喷流现象的形成过程：在太阳宁静区和冕洞区域存在磁场和显著的磁场梯度，这样磁场梯度抽运机制就会发生作用，将低层的高能粒子通过磁通量管向上抽运，形成高速喷流。

　　太阳活动区附近的喷流在触发过程中可能伴随耀斑、日冕物质抛射和射电暴等事件，引起空间天气的变化和地球空间磁场环境的扰动。因此，研究太阳大气喷流能够加深我们对太阳磁场结构、演化、日冕加热等关键问题的理解。2015年，中国科技大学的刘佳佳等人通过对大量卫星观测数据的研究发现，太阳大气喷流可以触发十分剧烈的日冕物质抛射事件。因此，有关太阳大气喷流的研究，还将有助于我们了解耀斑、日冕物质抛射等剧烈爆发事件的爆发机制，增强我们预报灾害性空间天气变化的能力。

什么叫日冕物质抛射？

日冕物质抛射（Coronal mass ejection，CME）是从太阳大气中空间尺度最大、爆发最猛烈的活动现象，是整个太阳系除了耀斑外，最猛烈的一种爆发过程。一次 CME 爆发可释放出的能量可以高达 10^{25} 焦耳，能在短时间内从日冕将 10^{11} ~ 10^{13} 千克的物质高速抛射到行星际空间，并伴随大量高能粒子流。CME 的空间尺度，有时会比整个太阳还要大，利用白光日冕仪观测，表现为一团比周围日冕显著明亮的、运动着的、独立的快变亮结构。CME 抛射出来的物质为等离子体团，其中还耦合着相应的磁场。而大量物质和巨大能量将在太阳大气以及行星际空间产生激波，引发近地空间的地磁暴、电离层暴和极光等。

人们首次观测到 CME 是 1970 年美国海军实验室利用 OSO-7 卫星发现的，当时称为日冕瞬变事件（Coronal transient）。随后多个卫星探测器和地面日冕仪也相继观测到这种现象，到 20 世纪 80 年代初，科学家们确定了 CME 这一称呼。平均大约每两天会发生一次 CME，在太阳活动周的峰年期间，则几乎每天都能发生 CME 事件。

典型的 CME 在结构上可以分成三个部分，其中包含一个低电子密度空腔、嵌入在空腔的内高密度的内核（主体，在日冕仪的影像中呈现明亮的区域）和一个明亮的前沿，见图 92。其中，内核多数由低温的日珥物质组成，CME 的前沿则是由较稀薄的高温日冕物质组成，温度可高达 100 ~ 200 万开，其中的电子热韧致辐射将可以产生米波及更长波的射电辐射。CME 的运动速度从每秒几十千米到接近 1000 千米左右，平均每秒 300 ~ 400 千米。在高速 CME 的前沿，还会形成激波，并在产生强烈的射电 II 型爆发。

CME 和耀斑是太阳上发生的最剧烈的两种爆发现象，但是它们之间是否有什么联系呢？统计结果常常给出互相矛盾的结果，而且统计分析发现，有大约 40% 的 M 级以上的耀斑在时间上没有 CME 对应，其中 10% 的 X 级耀斑没有伴随的 CME。这主要是因为缺少对 CME 初始阶段和加速阶段的详细观测，不了解它们之间的物理联系的结果。有较多的太阳物理学家认为，耀斑和 CME 是同一个过程中不同层次的表现，其中，耀斑是太阳低层日冕中发生的猛烈的、尺度相对较小的爆发，而 CME 则是在日冕较高层空间发生的大尺度的抛射过程。

那么，CME 是如何发生的呢？对这个问题，我国有许多科学家都提出过富有创见的理论模型，如云南天文台的林隽教授、南京大学的陈鹏飞教授、中国科技大学的胡友秋教授等。总的来说，CME 的发生与耀斑类似，也是日冕磁场能量的一种剧烈释放方式，磁场重联在这里同样发挥了重要作用。不过，由于对其源区和初发阶段还缺乏详细的观测，关于 CME 的发生机制和规律仍然是科学家们研究的一个前沿课题。

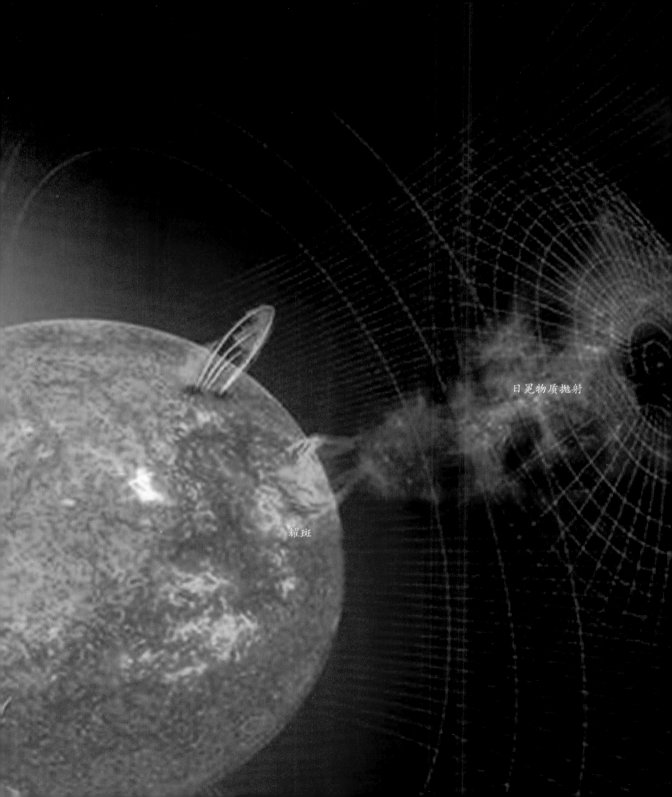

耀斑

日冕物质抛射

激波

图 91　日冕物质抛射

前沿

内核

空腔

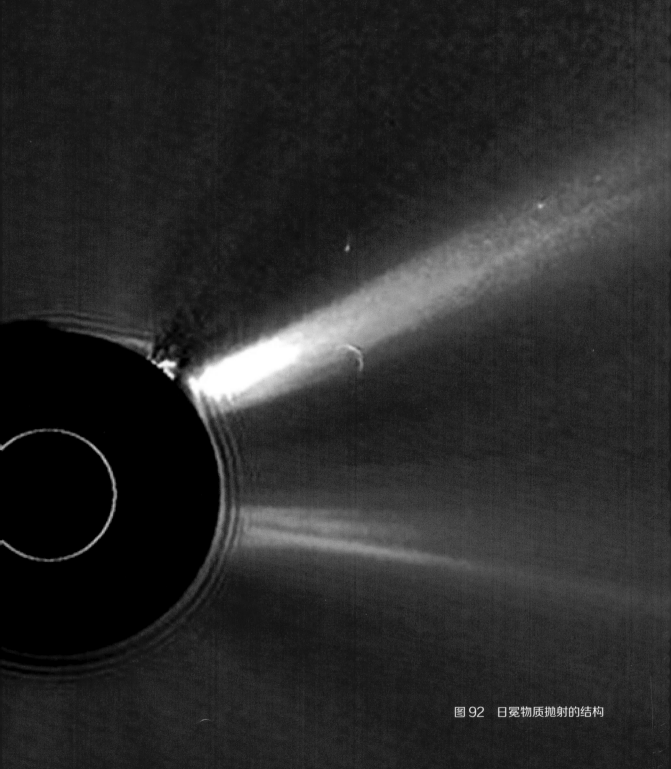

图 92　日冕物质抛射的结构

太阳射电爆发和其他波段爆发有何不同？

在第二次世界大战期间，英国的防控部队发现在波长为 4～6 厘米的炮瞄雷达上有时会出现一种莫名其妙的射电波剧烈增强。当时以为是来自德军的干扰。但是经过反复调查，发现这个强干扰信号并不是来自德军，而是来自太阳！第二次世界大战以后，人们对这个来自太阳的射电增强信号开展了大量的研究，发现太阳上不但在可见光波段可以观测到爆发现象，在射电波段同样也可以观测到强烈的爆发现象，称为太阳射电爆发。

我们知道，可见光波段、紫外波段、红外波段、X 射线波段，甚至 γ 射线波段等都能观测到太阳爆发现象。那么，太阳射电爆发和上述不同波段观测到的太阳爆发现象有什么不同呢？要回答这个问题，就必须首先从电磁波的辐射机制方面进行分析了。

太阳的可见光波段、红外波段、近紫外波段的辐射主要是光球和色球物质的原子外层电子和低次电离离子的能级跃迁；远紫外波段的辐射则主要来自于日冕大气中高次电离的离子的能级跃迁；软 X 射线则来自于高温等离子体中的热电子的碰撞运动。上述辐射粒子都处于热平衡，辐射的峰值波段取决于气体温度。因此，它们反映的是一种热力学平衡过程。但是，太阳硬 X 射线和 γ 射线的辐射就不一样了，靠热电子或热离子的碰撞运动不可能产生这么高能的光子。只有非热高能粒子才能产生硬 X 射线和 γ 射线的辐射，这是一种非热过程，即辐射粒子与周围太阳大气没有达到热力学平衡。那么，射电辐射呢？其实，射电辐射远比上述波段的辐射要复杂得多，这主要是因为在射电波段同时可能有多种辐射机制发生作用，这些辐射机制包括：

（1）韧致辐射（Bremsstrahlung）：这和高温热等离子体中的软X射线的辐射机制类似，只不过在这里，气体的温度更低，等离子体的密度也更低，从而使韧致辐射的频率落在了射电波段，它反映的是一种热过程。

（2）磁回旋辐射：当有磁场存在时，等离子体中的带电粒子，主要是电子将围绕磁力线做回旋运动，从而产生磁回旋辐射。这里，根据电子的能量不同，又可分为热电子的回旋加速辐射（Cyclotron）和非热电子的回旋同步辐射（Gyro-synchrotron）以及高能电子的同步加速辐射（Synchrotron）。很显然，回旋共振辐射反映的仍然是一种热过程并关联有磁场的特征；而回旋同步辐射和同步加速辐射则反映的是一种非热过程，和高能粒子的运动有关。辐射强度也远大于同频段的韧致辐射。

（3）相干辐射：当等离子体中发生某些不稳定性活动时，如粒子的能量分布各向异性，会产生相干辐射，等离子体中的能量迅速转化为电磁波的能量辐射出去。其中包括电子回旋脉泽辐射（Electron cyclotron maser emission）和等离子体辐射（Plasma emission），它们的形成过程类似于激光的形成过程，具有极高的辐射强度。其辐射强度往往比宁静太阳的辐射强度高出若干个数量级。

在太阳大气的宁静区，射电波段的辐射仅来自于大气等离子体中的热韧致辐射；但是当从宁静区逐步过渡到太阳黑子活动区时，随着磁场强度的增加，热电子的回旋加速辐射将很快占据主导地位。而当等离子体的温度也逐渐增加时，热电子的能量也逐渐增高，回旋同步辐射也将贡献可观的辐射成分。因此，在太阳黑子活动区，即使没有任何爆发活动，其辐射机制也是热韧致辐射、回旋加速辐射和回旋同步辐射等多种机制发生作用。

当太阳活动区产生爆发事件时，由于在爆发过程中会释放出大量非热高能粒子，将产生同步加速辐射、电子回旋脉泽辐射和等离子体辐射。由于这类非热辐射具有强度大、变化时标短等特点，将具有非常丰富的频谱精细结构特征，构成了太阳射电爆发的主体，其辐射强度常常比宁静太阳射电辐射高若干个数量级，例如，在分米波段的射电爆发强度常常会比宁静区高4～5个数量级，即超过一万倍到十万倍以上。可见，射电爆发是太阳大气中磁场和非热粒子信号的一种极其敏感的即时响应。

通过对太阳射电爆发的探测和研究，我们可以分析太阳爆发过程中的初始能量释放机制、高能粒子的加速过程、非热能量的转移特征，可以研究太阳大气磁场重联的细节，还可以研究等离子体中的波—波、波—粒相互作用过程等。因此，太阳射电爆发的研究对天体物理和等离子体物理都具有重要的理论意义。

太阳射电 III 型爆是如何形成的?

太阳射电爆发非常复杂多变,因此,太阳射电天文学家们按照它们的频谱随时间的变化特征分出了许多类型,其中包括:主要发生在频率为 200MHz 以下的低频波段,持续几个小时到几天的宽带连续谱增强的 I 型暴;主要发生在频率为 500MHz 以下频段,持续时间从几分钟到几十分钟,辐射带随时间缓慢地从高频逐渐向低频漂移,并具有谐波结构的 II 型爆;发生在从厘米波段到分米波段再到千米波段的超宽频带内,持续时间从亚秒级到几十秒,辐射带随时间快速漂移的 III 型爆;以及持续时间从几分钟到几十分钟的耀斑宽带连续谱 IV 型爆等。

太阳射电 III 型爆是一种最常见、发生频率也最多的爆发形式,一般在频率小于 1GHz 时辐射带向低频方向漂移,高于 1GHz 时多向高频方向漂移。如果在超宽带频谱射电望远镜上观测,我们可以发现一个完整的射电 III 型爆可以从分米波段一直延伸到千米波段,总持续时间可到若干小时。图 93 便是由卡西尼卫星上的射电探测器在 2003 年 10 月 28 日太阳上发生 X17 超级耀斑时探测到的射电 III 型爆的频谱图,其中红色表示强度最大的地方。这是在十米波到千米波段观测到的射电 III 型爆发。这种太阳射电 III 型爆是如何形成的呢?

太阳射电 III 型爆最重要的特征是其辐射带快速频率漂移。其辐射频率常常能在每秒钟改变一倍到数倍。例如,在 100MHz 附近的频带上,III 型爆的频率漂移改变速度可达每秒 100 ~ 500MHz。与此对比,在该频段附近的太阳射电 II 型爆的频率漂移改变则为每秒 3 ~ 5MHz。前面我们已经提到,太阳射电 II 型爆常常是与 CME 的抛射过程有关,是由高速 CME 运动时推动其前端的大气等离子体形成激波,由激波加速带电粒子产生了射电 II 型爆。科学家们利用射电 II 型爆的频率改变速度计算得到的运动速度也和观测到的 CME 的抛射速度基本一致。那么,射

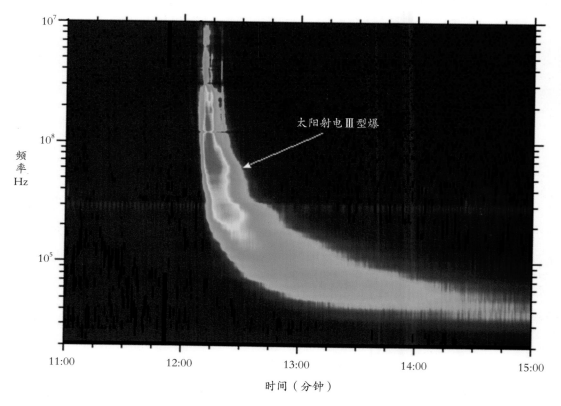

图 93　太阳射电 Ⅲ 型爆的频谱图

电 Ⅲ 型爆呢?

　　考虑到太阳射电 Ⅲ 型爆的快速频率变化特征,太阳射电天文学家们提出,在太阳爆发过程中产生的非热电子束可能是产生 Ⅲ 型爆的主要原因。这些非热电子束在背景等离子体中产生了强的湍动,激发了等离子体辐射。由于等离子体辐射的频率与等离子体密度有关,密度高的地方辐射频率高,密度低的地方辐射频率也低。当非热电子束从太阳耀斑源区产生向外飞行时,将依次穿过从稠密等离子体到稀薄等离子体的不同区域,因而也产生了不同的辐射频率。在这里,辐射频率的改变对应着背景等离子体的密度改变。太阳射电天文学家们利用这个对应关系,根据太阳射

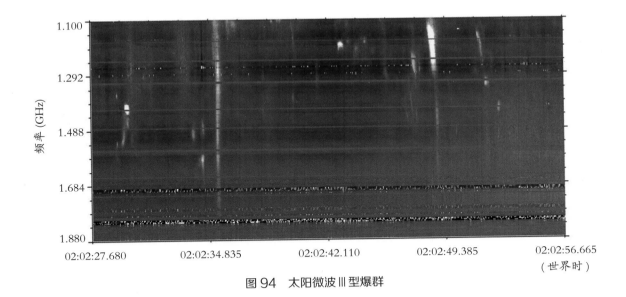

图 94　太阳微波 III 型爆群

电 III 型爆的频率改变速度，计算出对应的电子束流的运动速度在 0.1 ~ 0.7 倍光速，相应的非热电子的能量则在几个 KeV 到几百 keV 之间，这与太阳耀斑模型给出的非热电子的能量范围是基本一致的。图 94 所示便是一群在微波段的太阳射电 III 型爆群的频谱图。

归纳一下就是，太阳射电 III 型爆是由太阳爆发过程中产生的非热电子束流与背景等离子体相互作用，通过等离子体辐射机制产生的。它是非热电子束的一个直接信号。

229

太阳射电尖峰爆发是如何形成的?

太阳射电爆发，除了我们前面提到的 I 型暴、II 型爆、III 型爆和 IV 型爆外，还有许多快变型的爆发现象，比如在频谱图上，我们还能经常发现与耀斑关系非常密切的准周期脉动结构、斑马纹结构、纤维结构等。与此同时，在这些快变结构中，还经常会发现它们其实还包含有更精细的内部结构，是由一些持续时间非常短，只有几毫秒到几十毫秒，相对频率带宽非常窄，不到中心频率的 1%，辐射强度非常高的小爆发组成的。这些强而小的爆发现象，我们称为太阳射电尖峰爆发（Spike burst）。

太阳射电尖峰爆发总是成群出现，例如一群尖峰爆发构成准周期脉动结构的一个脉冲，或在斑马纹结构中的一个条纹由一系列尖峰爆发构成。但有时尖峰爆发群也能独立存在，它们随时间和频率的分布常常是无规则的随机分布。如图 95 所示，横坐标为时间，总共为 1 秒，纵坐标为辐射频率，每一个白色亮点便代表一个尖峰爆发。根据尖峰爆发的持续时间和频率带宽，科学家们估算出每一个尖峰爆发相对应的辐射亮温高达 10^{12} 开到 10^{16} 开。我们知道，在太阳日冕大气中，即使是在耀斑爆发核心区域的等离子体的温度也不过是 10^7 开这个数量级上，而太阳射电尖峰爆发的辐射亮温竟然比最热的等离子体的温度还高 10 万倍到 10 亿倍！这是如何形成的呢？

可以肯定的是，太阳射电尖峰爆发的辐射机制一定不是热辐射过程，而应该是某种相干辐射过程。因为，热辐射和其他非相干辐射所产生的辐射亮温不可能比源区等离子体的热温度更高。而太阳大气等离子体环境中的相干辐射，有两种基本的形式：

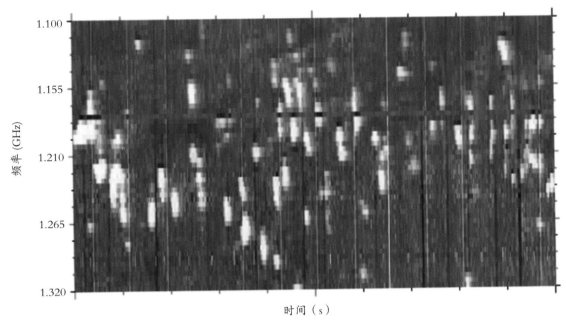

图 95 太阳射电尖峰爆发群

（1） 电子回旋脉泽辐射：在磁场较强和等离子体较稀薄的区域，具有能量各向异性分布的电子便能激发电子回旋脉泽辐射，具有强偏振、高辐射亮温、持续时间段、源区非常狭小等特点。而且，这种脉泽机制只有在电子回旋频率的低次谐频上才比较显著，而在高次谐频上其效率将大大降低。由于太阳大气中的磁场强度总是很有限的，因此电子回旋脉泽机制只能在低频辐射中才比较显著。

（2） 等离子体辐射：在磁场较弱和等离子体密度相对较高的区域，非热电子束能在等离子体中激发一种等离子体静电波，当这种静电波与等离子体中的其他波，如离子声波、散射的静电波等发生波 – 波耦合作用时，激发一种相干辐射，称为等离子体辐射。常常在一倍和二倍等离子体频率附近产生很强的辐射爆发。

那么，到底哪种相干辐射产生了射电尖峰爆发呢？科学家们研究推断，在米波及更长波段的尖峰爆发可能主要是通过电子回旋脉泽辐射过程产生的，而在分米波段和厘米波段的尖峰爆发则很可能还是由等离子体辐射机制产生的。

　　单个尖峰爆发，因为其极高的辐射亮温、极窄的频率带宽、极短的寿命、快速频率漂移，以及与源区超热电子发射密切相关等特征，吸引了众多理论物理学家们的关注，也对现有理论提出了许多挑战，例如，这些超热电子如何产生的？它们的产生和耀斑爆发之间是什么关系？为什么尖峰辐射的带宽如此之窄、寿命如此之短？为什么尖峰总是成群出现？在一群尖峰爆发中，各个尖峰之间是同源还是非同源？尖峰有光学或其他波段的辐射对应体吗？有人提出，尖峰爆发可能就是太阳爆发中最小尺度的能量释放过程，即所谓元爆发（Elementary burst），一次太阳耀斑可能就包含数以万计的尖峰爆发。那么，如何证明尖峰爆发与耀斑爆发之间的物理联系呢？对上述问题的解答，本身便包含着对基本等离子体物理和天体物理基本理论的发展。

太阳微波斑马纹结构是如何形成的？

在太阳射电频谱观测中，有时会在耀斑期间见到一种很特别的频谱图案，由若干亮条纹组成，条纹的频率随时间缓慢不规则地变化，但条纹与条纹之间的距离近似于相等，持续时间从不到一秒到几十秒。其整体图案看起来就像斑马身上的条纹，因此，被称为斑马纹结构（Zebra pattern）。

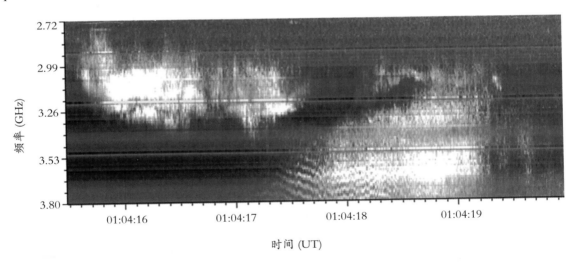

图 96　太阳微波斑马纹结构

　　人们最早是在 20 世纪 60 年代末在太阳米波射电观测中发现斑马纹结构的，20 世纪 90 年代在微波波段中也发现了斑马纹结构，发现它们总是发生在一定的耀斑过程中，而且微波波段的太阳辐射总是非常靠近太阳耀斑的初始能量释放区，因此推断微波斑马纹结构的形成一定是和耀斑源区的某种物理过程有关，这种过程是什么呢？

由于太阳微波斑马纹出现的时间非常短，只有不到一分钟，甚至不到一秒钟，同时太阳微波成像观测不像光学望远镜那样能得到分辨率达 1 角秒以下的图像，迄今还只能得到少数几个频点上空间分辨率在 10 角秒以上粗略图像，根本无法分辨斑马纹结构的源区位置。因此，迄今为止，太阳微波斑马纹结构大概是太阳射电天文学中最复杂，也最难解释的一种射电爆发现象。几十年来人们提出了数十个模型试图解释其形成过程，但是至今没有一个模型能被大家接受。主要的理论模型有如下四种：

（1） Bernstein 波模型：即斑马纹结构是由辐射源区的等离子体波与电子回旋波的不同谐波耦合而形成的，一个电子回旋波的谐波与等离子体波耦合产生一条斑马纹，不同谐波与等离子体波的耦合产生不同的条纹，这样条纹之间的距离由电子回旋频率决定。

（2） 哨声波模型：斑马纹结构是由等离子体波与哨声波的不同谐波耦合产生的，条纹间距由哨声波频率决定。我们知道，哨声波在耀斑源区传播过程中，由于等离子体和磁场的不均匀性，其频率将发生不规则的变化，因此其条纹间距也将出现不规则的变化。

（3） 等离子体双共振模型：斑马纹的条纹由等离子体波与电子回旋波的某一次谐波发生共振而产生，这时等离子体波的频率与电子回旋波的某一次谐波频率相等而产生共振，每一个共振层产生一条斑马纹条纹。而共振层的位置则由等离子体的密度和磁场强度共同决定。斑马纹的条纹间距除了与电子回旋频率有关外，还与源区的磁场和等离子体密度梯度有关，大致随频率而缓慢增长。

（4） 干涉模型：即太阳射电辐射从源区产生以后在传播过程中通过某些不均匀的湍流结构时发生干涉，我们观测到的斑马纹结构其实就是干涉条纹，它是路径上存在湍流结构的一个信号。斑马纹的条纹间距完全由湍流结构决定，具有一定的不规则性。

2013—2014 年间，我利用我国怀柔太阳射电频谱仪和捷克 Ondrejov 太阳射电频谱仪对

2000—2013 年间的观测资料进行分析，总共找到了 200 多个微波斑马纹事件。通过统计分析，发现所有的太阳微波斑马纹结构可以分成三大类：

（1） 等距斑马纹：斑马纹的条纹之间的距离与频率无关，非常接近于一个常数，并且整个斑马纹结构持续时间比较短，一般在数秒以下。

（2） 变距斑马纹：斑马纹的条纹之间的距离随频率做小幅度、无规则的变化，时而增加，时而减小。

（3） 距增斑马纹：斑马纹的条纹之间的距离随频率的增加而缓慢地增加。

参照上面我们对斑马纹结构的理论模型的分类，不难发现，这三种不同类型的斑马纹结构，很可能分别由不同的物理机制产生：等距斑马纹是由 Bernstein 波耦合机制产生、变距斑马纹是由哨声波耦合机制或干涉机制形成、距增斑马纹则是由等离子体双共振机制形成。当然，这种对应目前仅仅是一个推断，还需要进一步的观测，尤其是高分辨率的频谱成像观测来给予验证。

2007 年，科学家们在对蟹状星云脉冲星的观测中也发现了斑马纹结构，这表明，斑马纹结构的研究不但对太阳耀斑的研究非常重要，而且对其他天体物理目标也同样具有非常重要的意义。

什么叫太阳活动周？

科 学家们在长期的观测中发现，太阳耀斑爆发发生的次数是不均匀的，有些年份多，有些年份少，甚至在有些年份一整年都没有什么耀斑发生。这显示出耀斑爆发具有一定的周期性，这种周期性便被称为太阳活动周（Solar cycle）。历史上，人们对太阳耀斑爆发的观测是断断续续地，非常不连贯，在战乱年代，有时甚至连续很多年都没有关于太阳耀斑的观测记录。那么，如何描述这种太阳活动周现象呢？

人们通过研究发现，太阳耀斑等爆发现象的发生与太阳黑子出现的数量之间具有非常高的相关性，黑子多的时候发生太阳爆发的次数也多，黑子少的时候发生爆发现象的次数也少，没有太阳黑子出现的时候则完全没有太阳耀斑等爆发事件的发生。并且，历史上，人们对太阳黑子的观测记录资料的连续性则好得多，人们拥有1818年以来的每日黑子相对数，1749年以来的每月黑子相对数和至少1700年以来每年平均黑子相对数的比较完整的记录。因此，可以利用太阳黑子数来代表太阳活动的平均水平。

那么，什么叫黑子相对数呢？因为太阳表面的黑子除了孤立的黑子外，有时还有黑子群发生，这就不能简单地用黑子的个数来代表太阳活动的水平了。1848年，瑞士天文学学家Wolf提出用黑子相对数来表示日面可见半球黑子的多少，他的定义为：

$$R=K(10G+F)$$

上式中，G 表示黑子群的数量，F 表示单个黑子的数量。K 则表示不同天文台观测条件不同的换算因子，以瑞士苏黎世天文台为1，其他天文台的 K 值由观测结果与同一天苏黎世天文台的结果进行对比而得到。

通过对太阳黑子相对数的长期记录的分析发现，太阳活动存在大约 11 年的周期，自 1700 年以来的观测数据求得的平均周期为 11.1 年，其中最短周期为 9.0 年，最长周期为 13.6 年。黑子相对数年均值的极大和极小值对应的年份，分别称为太阳活动的峰年和谷年。人们规定从 1755 年极小年起算的那个太阳活动周为第 1 周。目前太阳正处在第 24 活动周，开始于 2009 年，2014 年达到峰年，目前正处于下降阶段。图 97 便是自 1700 年以来的黑子相对数随时间的变化情况，其中每一个峰便代表一个太阳活动周。在 19 世纪初，人们认为在水星轨道的内侧可能还有一个行星，即水内行星。但是因为它离太阳太近，要找到它非常困难。为此，德国天文学家 Schwabe 在 1826—1843 年，每天仔细观测太阳表面，记录太阳黑子数，经过 17 年的长期艰辛的观测，虽然没有找到所谓的水内行星，但是却发现太阳黑子数具有大约 10 年的周期性规律，为了纪念 Schwabe 的开创性的工作，后人便将这种平均周期为 11 年的太阳活动周称为 Schwabe 周期。

除了太阳黑子相对数的周期性变化外，太阳黑子在太阳上的纬度位置也出现周期性的变化。在每一个活动周开始时，黑子群一般出现在南、北纬 30° 附近，随着太阳周的演化，黑子群的纬度逐渐向赤道靠近，在峰年期间其纬度一般为 15° 左右，到活动周的后期，黑子群的纬度一般在

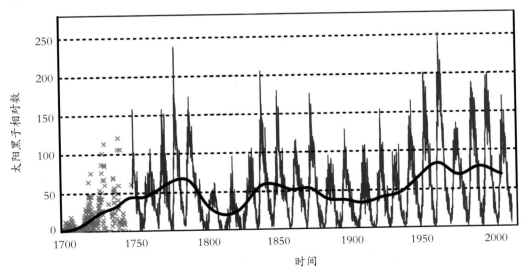

图 97　自 1700 年以来的太阳黑子相对数的变化

8° 左右。当一个活动周结束，新的一个活动周开始时，黑子群又从高纬度 30° 附近开始出现。黑子群纬度位置的这种变化规律称为 Sporer 定律。将这种分布表示成平面图，看起来犹如蝴蝶展开翅膀在飞翔，因此，称为太阳蝴蝶图，其中，横坐标表示时间，纵坐标表示黑子群的纬度。

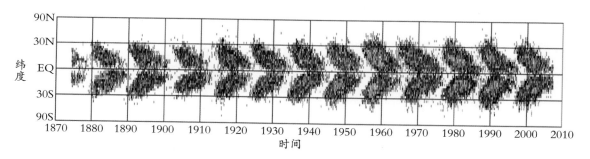

图 98　太阳黑子的纬度分布随时间的变化呈蝴蝶图样，显示出太阳周特征

　　除了上述太阳黑子的演化规律外，太阳射电 10 厘米波的辐射流量、太阳极区光斑数、日珥的平均纬度等参数也可以用来表征太阳活动的周期性特点。其中，太阳射电 10 厘米波段的辐射流量几乎与太阳黑子相对数完全相关；太阳极区光斑数量与太阳黑子相对数则完全反相关，即黑子数最高时，极区光斑几乎为 0，而在太阳活动的谷年，极区光斑数量最多。日珥出现的平均纬度则与黑子出现的平均纬度迁移相反，即所谓逆 Sporer 定律。在活动周开始时，太阳南、北半球的日珥往往形成于中纬度地带，然后逐渐向高纬度迁移，在峰年附近达到极区附近。

　　那么，太阳活动周是怎么产生的呢？这个问题与日冕加热机制一样，是太阳物理中的重大难题，也是一个未解之谜。美国科学家巴布科克父子经过几十年的观测发现，在太阳黑子以外的区域也存在着磁场。这种磁场的强度比黑子弱很多，分布于整个太阳表面，具有偶极场的特点。黑子磁场主要靠扩散减弱，其中前导黑子向赤道扩散，后随黑子向极区扩散。巴布科克父子认为，太阳活动周起源于太阳偶极磁场与太阳较差自转的相互作用，沿赤道方向被拉伸的磁场浮现形成偶极黑子，黑子磁场因扩散和对流而减弱，形成偶极弱磁场，周而复始形成太阳活动周。上述过程便被称为发电机模型。但是，到目前为止，发电机模型对太阳活动周的许多特征的解释都是推断性的，无法给出准确的定量结果，因此也还无法被多数科学家们接受。

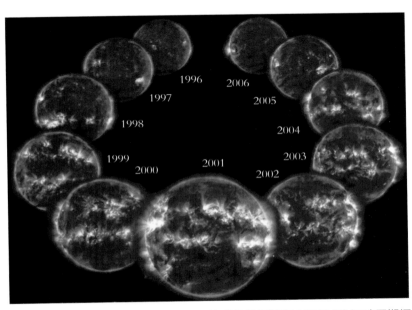

图 99　利用 SOHO 卫星的极紫外成像望远镜在太阳第 23 活动周期间
（1996—2006 年）各年所观测到的太阳大气图像的演变

太阳活动有哪些周期性？

从20世纪50年代，人们对太阳磁场进行系统观测，结果发现在相邻两个太阳活动周中，前导黑子与后随黑子磁场的极性是相反的，而且太阳极区磁场也是相反的。这种磁场极性的反转发生在每一个活动周结束和下一个活动周的开始时刻。考虑到磁场极性的这种变化，太阳黑子变化的一个完整的周期大约需要22年，这种周期通常也称为海尔周期，是由美国天文学家海尔首先发现的。那么，除了上述11年和22年的周期外，太阳还有其他周期性吗？

太阳是否还存在更长周期的变化，一直是许多科学家长期探讨的问题。即使是周期为11年的Schwabe活动周，它们究竟是一种长期行为，还是太阳演化在某一阶段的特有属性，这些都是天体物理学家们理解恒星演化时高度关注的问题。有人曾提出，太阳似乎存在长度大约为80年的周期，称为Gleissberg周期，但是迄今也不完全肯定。由于人们关于太阳黑子的可靠记录仅仅只有300余年，无法用于研究更长时间的周期性特征。因此，人们探索寻找其他反映太阳活动强度的指标，其中比较重要的有如下两种。

（1）极光出现频次：极光是由太阳活动产生的高能粒子轰击地球高纬度大气而产生的一种非常醒目的发光现象，其出现的频次可以反映太阳的活动强度。自古以来，许多国家和地区都有大量关于极光的记录，Schove曾收集了世界各地自公元290年以来的极光观测资料，给出了每10年的平均值，从中发现太阳活动似乎存在一种长度为200年的双世纪周现象。

（2）树轮中同位素^{14}C的含量：地球上的^{14}C是银河宇宙线中的高能中子轰击地球大气中的^{14}N产生的。当太阳活动增强时，太阳发射的粒子流增强，在地球周围形成一个对银河宇宙线的屏蔽层，从而使地球上的^{14}C的含量减少。反之，在太阳活动减弱时，地球上的^{14}C的含量增加。这种方法推测的太阳活动变化规律的时间分辨率不高，但是通过对非常古老的树木年轮中的 ^{14}C 的含量的分析，可以获得自公元前 5500 年以来的太阳活动特征。结果表明，最近 7500 年以来，太阳活动水平不是平稳变化的，而是经历了一系列的极大期和极小期，而且这些极大期和极小期的分布也没有明显的规律性，例如在 1460—1550 年间似乎存在一个 Sporer 极小期，在 1645—1715 年间似乎存在一个 Maunder 极小期，在 1110—1260 年间似乎存在一个中世纪极小期等。

2011 年和 2013 年，我利用 1700 年以来的太阳黑子相对数的年均值和 1960 年以来每天的太阳 10 厘米射电流量观测值进行研究，发现太阳活动除了具有长度为 11.2 年的 Schwabe 周期外，还存在多种周期成分，包括 89 天、117 天、146 天、236 天、367 天、400 天、10 年、11.1 年、28.5 年、51.5 年和 103 年的周期性。其中 103 年的周期非常显著，可称为世纪周（Solar

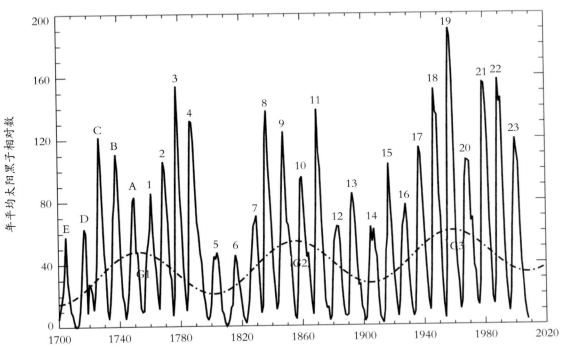

图 100　除了 11 年太阳活动周外，可能还存在大约 103 年的世纪活动周

centenary cycle），如图 100 所示。从这里可以很容易看出，自 1700 年以来太阳活动经历了 3 个世纪周，分别标记为 G1、G2 和 G3。我们甚至可以用一个正弦函数来拟合这个世纪周期，见图中的点画线。

从图中可以看出，在两个世纪周之间的低谷期间的 Schwabe 周的强度也相对较低，其中，我们目前所在的太阳第 24 活动周正好位于第三个与第四个世纪周之间的低谷期间，因此，其活动强度也相对较弱。利用这种周期性特征，也许我们可以对未来的若干 Schwabe 周的强度进行预测。至于太阳的这种世纪周期是如何形成的，迄今还没有任何学者进行研究，还是一个未解之谜。

什么叫太阳龙卷风？

大家一定听说过龙卷风吧？新闻里时常会听到美国某处发生龙卷风的消息。龙卷风是地球大气中强烈的涡旋现象，它是从雷雨云底伸向地面或水面的一种范围小而威力极大的强旋涡风。所到之处，常发生拔起大树、掀翻车辆、摧毁房屋和庄稼，甚至中断交通，造成极大的生命和财产损失。美国就是世界上发生龙卷风最多的国家。2016 年我国江苏盐城周边地区就遭受了罕见的龙卷风袭击，导致 98 人遇难、800 多人受伤，损失惨重！图 101 便是这次龙卷风的威猛情形。

图 101　2016 年江苏盐城的龙卷风

可有谁知道，太阳上也会发生龙卷风现象？

1998 年 4 月，太空探测器 SOHO 发现，太阳上存在巨大的旋风现象，旋风的宽度大致相当于地球直径，时速高达 50 万千米 / 小时，比地球上的龙卷风移动速度高出上千倍，多数位于太阳南、北两极附近。

2011 年，中国科学院国家天文台张军与美国学者刘杨合作，利用美国 2010 年发射的太阳动力学天文台（SDO）上安装的在极紫外望远镜的观测图像进行分析，发现了一种高速旋转结构，它们在太阳表面不停地旋转，旋涡中心是拥有百万开以上高温的炽热等离子体，从太阳表面附近一直延伸到数万千米的高空，持续几个小时甚至十个小时以上。这种现象被命名为太阳龙卷风（Solar tornado），因为它们的结构和形态都非常类似于地球上的龙卷风。在太阳龙卷风的晚期阶段，常伴有微耀斑等剧烈活动现象。也是在这一年，英国威尔士大学的天文学家在太阳上发现了一个超级龙卷风，如图 103 所示。其空间尺度有 5 个地球那么大，中心气体温度达 200 万开以上，以 16 万千米 / 小时的时速高速螺旋运动，在太阳表面连续移动了 3 个多小时，移动距离达 20 万千米，平均移动时速达 6 万 ~ 7 万千米。相比之下，地球上龙卷风的移动时速有 150 千米，几乎只有太阳龙卷风移动速度的几百分之一。2015 年，美国宇航局的科学家进一步确认，太阳龙卷风的温度非常炽热，可高达 280 万开，持续 40 个小时。

那么，太阳龙卷风是怎么形成的呢？

科学家们通过大量的观测发现，其实这些龙卷风现象在太

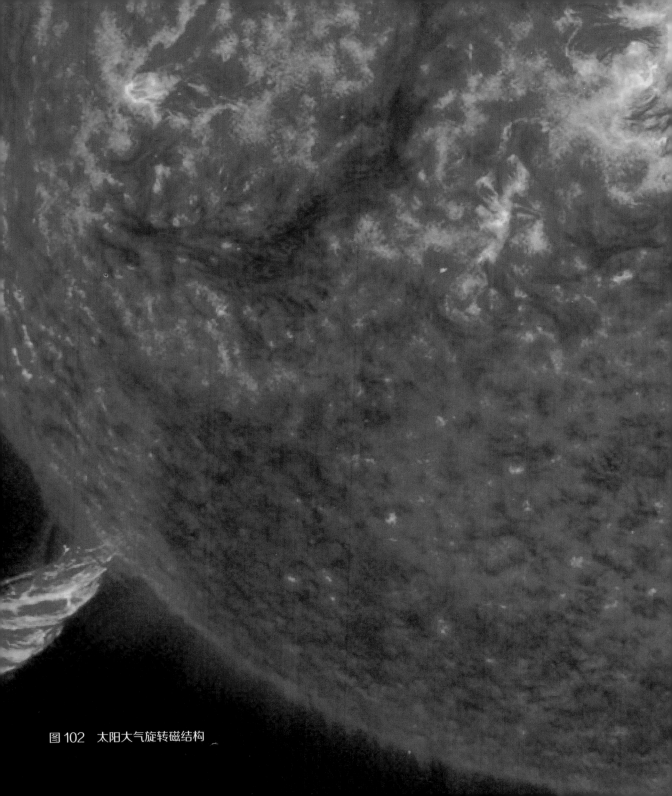

图 102　太阳大气旋转磁结构

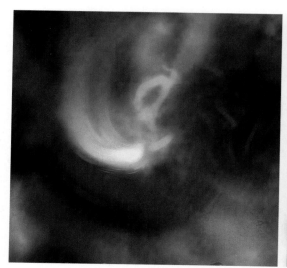

图 103　太阳大气中的龙卷风

阳大气中是一种相当普遍的现象，即使在太阳宁静大气中也随处可见，一般扎根于太阳低层的旋转网络磁结构中。大型太阳龙卷风主要出现在太阳赤道附近、日冕物质抛射的底部，与一定的活动区旋转磁结构有非常密切的关系。据此，科学家推断，太阳龙卷风的形成很可能与太阳大气中磁场重联释放的能量密切有关。同时，太阳自转产生的偏向力是一个重要的推动力。太阳龙卷风的形成和在太阳表面的运动过程中，太阳大气磁场可能发挥着重要的作用，是磁场推动着太阳龙卷风在太阳表面的延伸和前后快速移动。

　　根据龙卷风的旋涡中心是温度高达数百万开的炽热等离子体，科学家们提出，宁静太阳大气中无处不在的龙卷风现象很可能对加热日冕有重要的贡献。

太阳高能粒子是怎么产生的？

太阳高能粒子，简称SEP，是指来自于太阳的超热粒子，其中包括超热质子、电子和各种离子，其能量从数十 keV 到 GeV 以上，有时也称太阳宇宙线。不过，太阳宇宙线的能量要比其他来源的宇宙线粒子的能量低得多。但是因为太阳离我们近，太阳高能粒子发射的数量远比其他源的宇宙线多得多，对我们地球附近的空间环境影响最大，是航天安全保障的主要威胁之一。当它击中卫星控制系统的微电子器件时，可产生错误指令，严重时会使卫星出现混乱状态，一旦发生在关键器件或电路中时，后果将是灾难性的。太阳高能粒子发射对宇航员的健康甚至生命也将构成严重威胁。观测表明，一次大太阳质子事件产生的总剂量可达数千镭姆，例如，1972年8月4日事件在屏蔽为1克/平方厘米的条件下，辐射剂量为3320雷姆。一个人接收辐射的终生允许剂量200雷姆，致死剂量为500雷姆。可见，在缺乏屏蔽情况下，一次大的太阳高能粒子事件完全可能把宇航员置于死地。因此，认识和了解太阳高能粒子是非常重要的。其中，首先一个问题是：太阳高能粒子是如何产生的呢？

太阳高能粒子事件主要有两种，一是脉冲型的，二是缓变形的。

脉冲型太阳高能粒子事件与太阳耀斑之间存在密切联系。太阳耀斑是发生在太阳表面局部区域中突然且大规模的能量释放过程。在其爆发过程中，磁场能量通过磁场重联方式转化为等离子体的动能和热能，部分电子和粒子被加速，从而产生大量高能粒子。由于和耀斑有关的磁场重联通常都发生在离太阳表面只有几千千米到几万千米的低日冕区域，因此，这种脉冲型的太阳高能粒子事件的源区也应该位于太阳低层大气中。

缓变型的太阳高能粒子事件则通常与日冕物质抛射、高速太阳风在行星际空间的传播有关。

当这些等离子体团高速运动时，在其前段形成激波。激波电场可以对所经路径上的带电粒子产生持续的加速作用，从而产生高能粒子。由于日冕物质抛射、高速太阳风等在行星际空间的传播是持续的，这种激波作用常常可以对一些电荷量较高的重离子产生有效的加速效应。由于与日冕物质抛射和高速太阳风有关的激波都位于行星际空间，因此，缓变型的太阳高能粒子的源区通常都位于距离太阳表面在几倍到几十倍太阳半径的高层日冕大气中。

需要指出的是，激波加速带电粒子是整个宇宙中非常普遍的一种粒子加速途径。例如，银河系宇宙线被认为是超新星爆发产生的激波加速的。最近，美国宇航局的卡西尼太空探测器在飞经土星轨道附近时，观测到一次强烈的太阳风过程，在此过程中探测到大量带电粒子被加速到接近于光速的高能量状态，这也是太阳风激波加速粒子的一个重要的实测证据。

图 104　卫星探测太阳高能粒子

史上最强太阳高能粒子事件

说到太阳风暴，我们一定很想知道，太阳高能粒子发射是什么时候发生的呢？到底有多强？

对这个问题，最近中国科学家给出了答案。公元775年，也就是在一千两百多年前的中国唐朝广德年间，太阳上发生了一次在过去一万多年历史里最强的太阳高能粒子事件。这是如何确定的呢？

2012年，日本科学家们发现，公元775年附近地球上树轮中的同位素^{14}C含量发生异常增高，是什么原因造成的呢？这个问题引起全世界范围众多科学家们的关注。

我们知道，在地球上，自然界碳元素有三种同位素：^{12}C、^{13}C和^{14}C。其中，^{14}C是一种放射性同位素，是由宇宙线中的高能中子撞击空气中的氮同位素^{13}N而生成^{14}N，再通过β衰变形成的，其半衰期为5730年。常用于考古学中的年代测定，其原理是这样的：碳是地球上有机物的重要组成元素之一，生物在活着的时候，通过呼吸，体内的^{14}C含量大致不变，生物死去后会停止呼吸，体内的^{14}C开始减少。由于碳元素在自然界的各个同位素的比例一直都很稳定，通过测定死亡生物体的体内残余^{14}C成分来推断它的存在年龄。^{14}C的另一个重要用途便是通过对其含量测定推算太阳高能粒子的发射强度。

中国科学院国家空间科学中心的科学家周大庄等研究员，根据他们首次提出的独特的分析方法，并结合中国历史上有关强极光史料的研究，提出公元775年的这次^{14}C含量异常增高是由太阳上发生的一次最强的太阳高能粒子发射引起的。他们还计算出该事件中高能质子的通量达到了每平方厘米4.5×10^{10}个质子，每个质子的能量大于30MeV。高能质子的通量大约是1956年2月

23 日大太阳爆发期间的 45 倍，也相当于 1859 年卡灵顿太阳粒子事件的 2 倍。

所谓卡林顿事件，是指 1859 年由英国人卡林顿首先发现的太阳上发生的一次超强耀斑爆发事件，爆发后的几分钟内，英国格林尼治天文台和基乌天文台都测量到了地磁场强度的剧烈变动。17 个小时以后，地磁仪的指针因超强的地磁强度而跳出了刻度范围。差不多同时，各地电报局报告说他们的机器在闪火花，甚至电线也被熔化。在这天夜里，天空中五颜六色的北极光一直向南弥漫到古巴和夏威夷。

周大庄推断出，公元 775 年这一次太阳高能粒子爆发是在过去一万年间最强的，也是迄今已知的史上最强太阳风暴事件。这么强的爆发如果发生在科学技术已经非常发达的今天，我们的许多高技术系统，如航空、航天、卫星导航、大电网运行，甚至我们的生活等都有可能受到难以想象的巨大冲击！

周大庄等研究员还从中国历史资料《旧唐书》中找到了发生该粒子事件的证据——发生在公元 775 年 1 月 17 日的超级极光，太阳高能粒子到达地球后与大气作用产生强极光。据史料记载，该极光有 10 余道，覆盖范围广，持续时间约 8 小时。这是有记录以来的最强极光的详细记录。

为了进一步明确这次最强的太阳高能粒子爆发事件，研究员周大庄还将计划与中国社会科学院考古研究所的专家们开展合作，深入研究超级太阳高能粒子事件的细节，包括从历史文献调研指导古树年轮取样、对树轮进行 ^{14}C 强度测定、综合中外发现的历史上超高能太阳粒子事件探索建立数学物理模型，并期望将来应用服务于空间天气预报。

第六章

太阳风暴

TAIYANGZHIMEI

什么叫太阳风暴？

太阳风暴是指太阳上发生的剧烈爆发活动及其在日地空间引发的一系列强烈扰动。太阳爆发活动是太阳大气中发生的持续时间短暂、规模巨大的能量剧烈释放现象，主要包括太阳耀斑、日冕物质抛射、爆发日珥、喷流等剧烈活动，它们主要通过增强的电磁波辐射、高能带电粒子流和等离子体云三种形式释放。当太阳爆发活动喷射的物质和能量到达近地空间时，可引起地球磁层、电离层、中高层大气等地球空间环境强烈扰动，从而影响人类活动。

太阳风暴同太阳爆发有密切联系，但是两者是有区别的。太阳爆发强调的是发生在太阳表面及大气中的快速物理过程，而太阳风暴则把太阳与地球附近空间看成一个紧密联系的整体，综合描述太阳爆发活动和对地空间环境影响两个方面。其中，太阳爆发活动是太阳风暴的源，行星际空间是太阳风暴演变的场所，近地空间环境的扰动则是太阳风暴产生的结果。

当太阳爆发释放出的物质流和能量朝向地球时，就可能引起地球空间环境的剧烈扰动，进而影响人类活动。不同太阳爆发活动到达地球附近空间的时间也不一样。耀斑爆发时增强的电磁波辐射以光速只需约8分钟就可以到达地球空间，它主要引起电离层突然骚扰，影响短波通信环境；高能带电粒子到达地球空间时间稍慢，大约需要十几分钟到几十分钟，一方面它将引起极区电离层电子密度增加，产生电波极盖吸收事件和极光，另一方面它会直接轰击航天器，给航天器带来辐射损伤等多种影响；日冕物质抛射产生的快速等离子体云需要1~4天才能到达地球，它首先与地球的磁层发生相互作用，引起地球磁场变化，产生地磁暴，随后引发地球空间高能电子暴、热等离子体注入、电离层暴、高层大气密度增加等多种空间环境扰动事件，对卫星运行、导航通信和地面系统以及穿越两极地区的民航飞行都能产生一系列严重的影响。

我们通常把太阳爆发活动中产生的增强的电磁波辐射、高能带电粒子流、快速等离子体云先后对地球空间环境造成影响的过程形象地称为太阳风暴的三轮"攻击"，即一次对地太阳爆发活动，可对近地空间产生三轮性质不同的剧烈作用和冲击。

太阳风暴虽然对近地空间环境有巨大影响，但是这些影响也主要局限在地球大气层以外的航天活动中。由于地球拥有磁场和稠密大气层的双重保护，太阳风暴对地球形成

图105　太阳风暴

的三轮攻击也大多被地球磁层和大气层化解，对人类健康所产生的直接影响基本上是可以忽略的。近年来，有一些统计研究指出，太阳风暴与一些传染病、心血管疾病的发病率存在一定的相关性。但是，太阳风暴对人类健康会产生多大影响，影响的机理是什么，都还没有科学结论。

太阳耀斑可以预报吗？

我们知道，太阳耀斑爆发是整个太阳系最为猛烈的爆发过程。每次耀斑爆发，将大量能量和物质抛射到行星际空间，当它们传播到我们的地球附近空间时，将对近地空间环境产生剧烈扰动，并产生灾害性的后果。那么，太阳耀斑事件可以预报吗？

俗话说"无风不起浪"。根据我们前面的介绍可知，太阳耀斑爆发是太阳日冕磁场能量的大规模快速释放过程。既然如此，在太阳爆发前，爆发源区一定会有某些物理参量发生变化，例如，在爆发前源区至少必须得有能量的积累。然而，由于相隔 1.5 亿千米之遥，我们地面上的望远镜如何才能观测到太阳耀斑源区能量积累的信号呢？这又是一个非常困难的问题。

2016 年，我通过对太阳第 24 周发生的所有耀斑的软 X 射线流量曲线的研究，发现差不多有一半的大耀斑事件，在其开始发生之前 2 个小时内存在明显的准周期脉动现象（QPP），脉动周期为 8 ~ 30 分钟。这种脉动现象的出现表明在源区的耀斑环内很可能存在可观的纵向电流，而电流正是一种磁能积累的标志。因此，这种耀斑前准周期脉动现象的发生很可能就是一种耀斑的前兆。

2017 年年初，中国科学院紫金山天文台季海生和张擎旻通过对大量美国卫星数据的分析发现，在一些耀斑爆发之前，太阳表面会变暗、出现阴影等现象，这种"爆前变暗"现象是否就是一种耀斑先兆呢？目前尚不清楚其背后的物理过程。

许多学者试图通过研究太阳耀斑爆发前的统计特征来建立耀斑预报模型。不过，由于短时间尺度内的太阳爆发活动具有高度的随机性，如何选取太阳耀斑预报模式中的物理参量一直是研究的热点和难点。

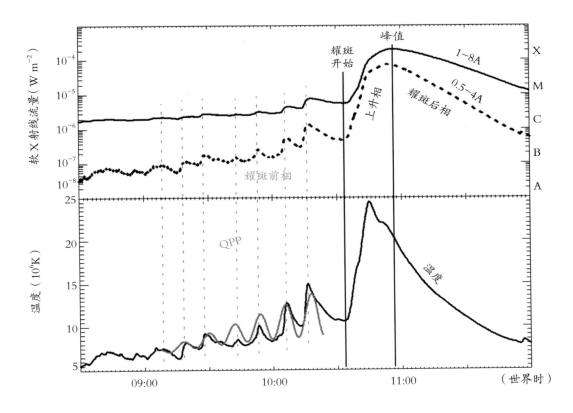

图 106　太阳耀斑前的准周期脉动现象（QPP）

　　现有大部分太阳耀斑预报模型是从观测数据提取预报因子，利用各种统计和数据挖掘技术建立预报因子与耀斑之间的数量关系的预报模型。在这里，预报因子、预报模型和预报方法是三个主要研究领域。

　　预报因子的选取和数据处理尤为重要，是建立预报模型的基础，目前人们主要采用太阳黑子与形态分类、磁场参量、射电 10 厘米流量等参量作为预报因子。近年来，随着大规模、多波段、高分辨率的太阳观测数据的急剧增加，人们开始关注物理参量与耀斑之间的物理联系。例如，在耀斑前相的软 X 射线流量、射电频谱信号等。尤其是射电频谱信号，因为它对非热电子非常敏感，可以侦测太阳活动区在耀斑开始前的小尺度非热过程的特征，具有很重要的预报价值。

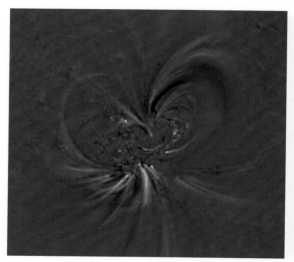

图 107 太阳耀斑的"爆前变暗"现象

在预报模型方面，早期基本上都使用统计静态模型，后来逐步发展起来的动态模型具有更强的优势。还有学者试图采用自组织临界理论去理解耀斑发生过程，希望给出新的物理解释并建立新的预报模型。

预报方法包括统计方法、机器学习方法和数据同化方法。统计方法在早期的耀斑预报建模中用的较多，随着数据挖掘技术的发展，越来越多的机器学习方法应用到预报模型中并取得了较好效果。近期发展的数据同化方法有更好的模型修正能力。

由于我们尚未真正理解太阳磁场和等离子体系统中的能量积累过程和突然释放的物理机制，迄今国际上仍然无法给出可靠的中短期太阳耀斑预报结果。随着更多新的探测数据和对爆发过程的更新物理阐述，人们在太阳耀斑的预报一定会取得越来越好的效果。

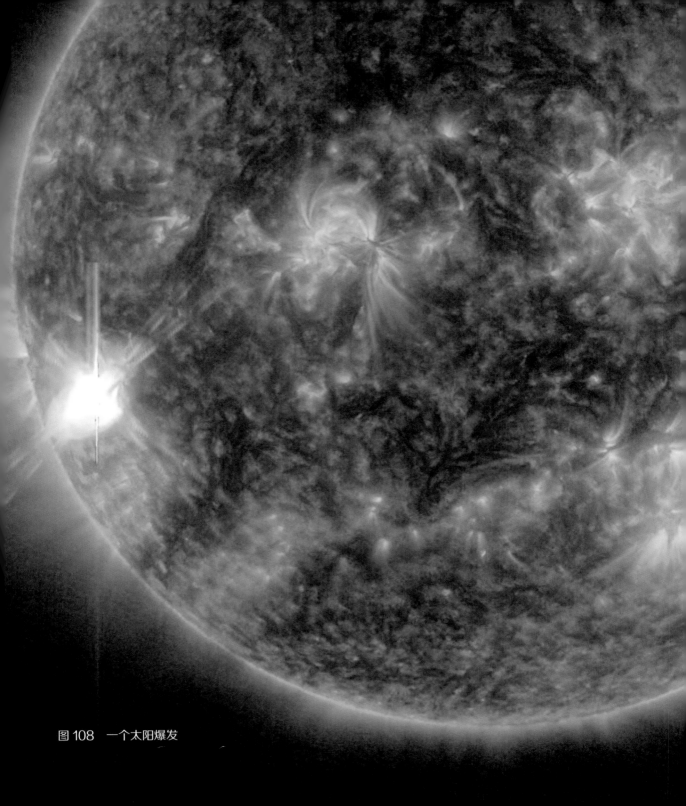

图 108　一个太阳爆发

什么是太阳风？

地球上经常刮风，这是因为在地球大气不同部分之间存在温度和压强的不同，从而驱动了风（Wind）的形成。简单说就是热空气在相同压力下密度低会上浮，冷空气密度高而下沉，在地球重力的作用下其余空气将填补因热空气上升和冷空气下沉造成的空虚地带，从而产生气流，大规模的气流就形成风。大家知道吗？太阳上也有风，而且能够影响整个行星际空间的环境变化。太阳风是怎么形成的呢？

最初，人们是在研究彗星的尾巴时猜测可能存在太阳风。彗星一般都有两条尾巴，其中一条叫尘埃尾，另一条叫等离子体尾。尘埃尾是和彗核一同运动的尘埃物质反射太阳光形成的，通常为黄色或红色，其指向除了与太阳位置有关外，还同彗星自身的运动有关，是彗核的轨道运动对周围尘埃物质的拖拽作用形成的。等离子体尾一般呈蓝色，始终指向彗星与太阳连线背向太阳的方向。起初，科学家们用来自太阳辐射的"光压说"来解释彗星的等离子尾，但计算表明光辐射产生不了这么大的压力。因此，彗星的等离子体尾是如何形成的便成了一个颇受争议的问题。

1958 年，尤金·帕克（E. Parker）认为日冕外层的高温大气中的带电粒子拥有很高的动能，可以摆脱太阳引力的束缚而高速逃逸到行星际空间，从而形成太阳风。太阳风中包含大量带电粒子，携带着太阳磁场，到达彗星附近时与彗核周围的磁场相互作用而发光。因此，等离子尾跟随的是太阳风的磁力线方向，而不是彗星轨道的路径，所以总是指向背对太阳的方向。由于太阳风的速度远大于彗星的运动速度，因此，等离子尾看起来不像尘埃尾那样呈现出弯曲美妙的弧形，而是笔直地向外延伸。等离子气体中含有光谱为蓝色的 CO^+ 离子，因而使得大多数等离子尾呈蓝色。

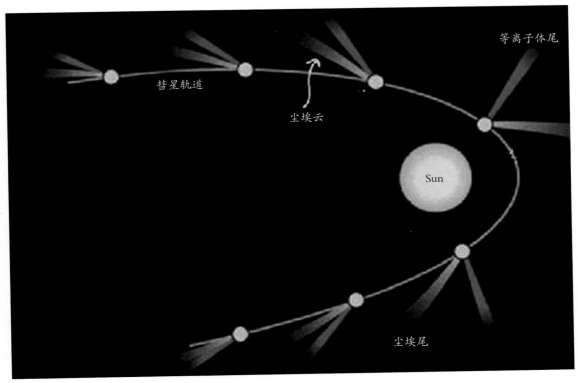

图 109　太阳风决定着彗尾的指向

1962 年发射的水手 2 号飞船首先发现，地球附近的行星际空间存在来自太阳方向的不间断的超声速等离子体流，主要由电子和质子及少量 α 粒子组成，从而证实了帕克的预言。随后的空间探测，包括 1974 年和 1976 年发射的太阳神 1 号（Helios-1）和太阳神 2 号（Helios-2）等对太阳风的主要参数进行了系统测量，发现太阳风速度一般为每秒 200 ~ 900 千米，平均 450 千米左右，比火箭的速度还要高 50 倍以上。在太阳附近，太阳风基本沿径向前进；在远离太阳时，由于受太阳自转的影响，太阳风的传播路径呈阿基米德螺线射向太空。太阳风可以吹得很远，一直延伸到冥王星轨道之外，进入辽阔的星际空间。

太阳物理学家们进一步的研究发现，其实太阳风是有多种来源的，主要包括：

图110　太阳风影响日地空间环境

（1） 宁静太阳风：由宁静日冕连续膨胀产生的背景太阳风；射流速度比较小，开始时日冕物质以较低的速度膨胀，渐渐离开太阳表面。随着离太阳的距离增加，膨胀速度变大，密度不断减小，到达地球轨道附近时，射流速度一般为每秒钟 450 千米左右，每立方厘米含质子数通常不超过 10 个。这种太阳风通常对地球的影响不是很大。

（2） 高速太阳风：源于太阳冕洞，沿开放磁力线传播出来的太阳风，其速度可高达每秒 700 千米以上。

（3） 太阳爆发粒子流：主要是太阳耀斑或日冕物质抛射等剧烈爆发过程产生的高能粒子流，其射流速度可达每秒 1000 千米以上，密度也比较大，可达每立方厘米几十个质子，能对近地空间环境产生显著干扰。

太阳风的密度虽然很低，为每立方厘米 8 ~ 10 个粒子，但能和地球及各行星的磁层产生强烈相互影响，从而极大地影响行星际空间环境，包括近地空间环境。

太阳风的发现是 20 世纪空间探测的重要发现之一。经过近半个多世纪的研究，人们对太阳风的物理性质有了基本了解。显然，太阳大气通过太阳风的形式不断地损耗质量和能量。但是，长期持续不断的太阳风如何得到等离子体和能量的供应？这个问题一直困扰着太阳物理学家们，成了长期研究却仍悬而未决的一大基本课题。

如何探测在行星际空间传播的太阳风？

太阳风在行星际空间传播时，其密度非常稀薄，常常稀薄到每立方厘米体积中只有几个粒子的程度，只有地面附近空间密度的 100 亿亿分之一，比实验室的高真空里的密度还要低！如此稀薄的太阳风，我们如何才能探测到呢？

科学家们设计了许多方法去探测太阳风，其中包括空间探测和地基探测两大类探测手段。

空间探测太阳风是最主要的探测手段。人类首次探测到太阳风便是通过宇宙飞船水手 2 号实现的。随后先后发射了大量的空间探测器专门探测太阳风，其中包括 1973 年发射的行星际监测平台 8 号（IPM8）直到目前仍在距离地球 40 万 ~ 50 万千米的黄道面轨道上监测太阳风的主要参数，其测量数据定期发表在国际期刊 Solar Geophysical Data 上，供研究人员分析。另外，1974 年和 1976 年发射的太阳神 1 号和太阳神 2 号探测器飞行到距离太阳表面分别为 0.31AU 和 0.29AU 的空域近距离实地探测太阳风。1995 年发射的太阳和太阳风层探测器（SOHO）位于日地之间距离地球 150 万千米的第一拉格朗日点（L1）上，携带了多种静电分析仪和法拉第杯太阳风探测仪实地测量太阳风的成分、速度、密度和流量等参数。通过直接跟踪观察，1999 年年初，SOHO 还发现了太阳风的源头，主要来自太阳表面蜂窝状磁场的边缘和冕洞。目前，SOHO 仍然在轨运行，预计将工作到 2020 年以后。

除了 SOHO 外，在轨运行的著名太阳风空间探测器还有 WIND、ACE、ULYSESS 等。其中 WIND 发射于 1994 年，也位于 L1 点附近空域，虽然其设计寿命只有 5 年，但是目前仍然在正常运行，而且其所携带的燃料足够让它工作到 2074 年以前。目前，科学家们仍然还在不断提出新的探测设想，准备发射新的太空探测器去全方位多视角地监测太阳风。

风

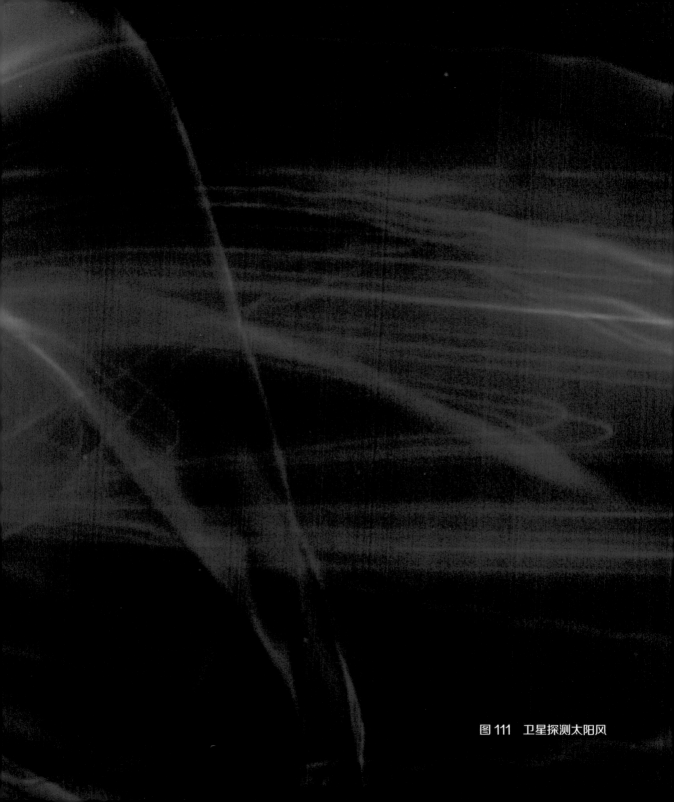
图 111　卫星探测太阳风

4 站系统，观测频率：327MHz

图 112　日本名古屋大学的 STE Lab 的 IPS 组网式望远镜

　　地面探测太阳风，主要是通过射电望远镜来实现的。20 世纪 60 年代，人们发现来自宇宙中遥远的射电源信号（主要是像 3C273 这样的类星体强射电源信号）在行星际空间传播时，受太阳风的作用时会产生强度和相位的起伏变化，称为行星际闪烁（IPS）。通过利用射电望远镜对 IPS 信号的探测可用来反演距离太阳表面 5 ~ 200 倍太阳半径的广大行星际空间中的太阳风传播和密度结构的演化。通过接收众多来自不同方向的宇宙射电源的 IPS 信号，从大视场和多视点来遥测背景太阳风，为人们提供了一种既经济又灵敏的太阳风探测手段，探测范围远比直接测量大得多。目前，印度建立了 Ooty 单站式 IPS 望远镜，日本则在名古屋大学建立了四站式组网的 IPS 望远镜，如图 112 所示。我国也计划在子午工程 Ⅱ 中研制新一代的 IPS 望远镜对日地空间的太阳风的形成、加速和演化规律进行研究监测。

太阳风是如何被加速的？

太阳向整个太阳系喷射出炽热的带电粒子流——太阳风。然而令人惊奇的是，在靠近太阳表面的地方，却并没有任何明显的强风存在，在太阳风刚刚起步时，其速度只有每秒几十千米。例如，在冕洞底部，其速度只有每秒 10 ~ 20 千米。可当太阳风传播到距离太阳表面几十个太阳半径时，却变成了真正的"狂风"，速度达每秒数百千米，在地球轨道附近，高达每秒 800 千米以上，最高秒速甚至超过 1000 千米，是其出发时的速度的几十倍！图 113 为尤利西斯空间探测器（ULYSSES）获得的在太阳不同方向射出的太阳风速度分布图。在远离太阳的地方，是什么原因导致太阳风得到加速的呢？

科学家揣测，在行星际空间一定存在某种驱动机制，使太阳风获得了加速。那么太阳风加速动力来自哪里呢？

事实上，造成太阳风加速的这个神秘推动力和太阳引力有非常密切的关系。从太阳表面喷射出的太阳风初速度是由两个作用因素决定的：

（1）　太阳大气热压力和磁场驱动力：太阳大气的温度从太阳光球表面的 5700 开左右升高到日冕的 200 万开左右，很高的温度表明粒子有很高的热运动速度，有挣脱太阳引力束缚逃逸的趋势。同时，从太阳低层到太阳大气高层，磁场强度也是递减的，尤其在冕洞区域，这种趋势在很大空间尺度上都是稳定持续存在的，根据中国科学院国家天文台谭宝林提出的磁场梯度抽运机制，带电粒子会受到一种向上的抽运作用，从而使能量较高的粒子逃离太阳。

（2）　太阳引力：引力作用则与上述热压力和磁场驱动力的作用正相反，它将所有粒子都向太阳内部吸引，使之被束缚。但是，随着与太阳的距离的逐步增加，太阳引力束缚不断减小，对太阳风的约束作用也就不断减弱一直完全松手，于是，太阳风也就自然而然地加速前进了。

下面通过一个简单计算来验证：设太阳风初始速度为 V_1、远离太阳时的最终运动速度为 V_2。根据机械能守恒定律，有：$\frac{1}{2}mV_2^2 = \frac{1}{2}mV_1^2 + \frac{GMm}{R}$ 。其中 G 为万有引力常数，R 为太阳半径，M 为太阳质量。依据上式可得太阳风在远离太阳时的运动速度为：$V_2 = \sqrt{V_1^2 + \frac{2GM}{R}}$ 。即使我们假定初始速度为 $V_1 = 0$，则：$V_2 = 618$ 千米 / 秒。

这个 V_2 就是太阳的逃逸速度，即只要粒子的热运动速度达到这个值，就可以挣脱太阳的引力束缚逃入行星际空间。在太阳光球表面，温度大约 5700 开，可算出电子的平均热运动速度约 500 千米 / 秒，质子的平均热运动速度为 12 千米 / 秒，均小于上述逃逸速度。而在日冕大气中，温度大约 200 万开，可计算出其电子平均热运动速度为 9500 千米 / 秒，质子的平均热运动速度为 225 千米 / 秒。可见，在日冕中，几乎绝大部分电子的热运动速度都大大超过了太阳的逃逸速度；对于质子，虽然其平均热速度小于太阳的逃逸速度，但是，如果考虑到质子的能量分布服从麦克斯韦分布，仍然有相当比例的质子实际运动速度超过了太阳的逃逸速度。通过计算可知，这个比例大约为 10%，这仍然是一个相当可观的比例了，足够为太阳风提供快速粒子流。

太阳风从太阳表面附近出发，刚开始受太阳强大引力的束缚，因而其速度缓慢。但是，随着高度增加，太阳引力的大小随距离的平方递减，引力越来越弱，直到接近于 0。而粒子热运动和太阳磁场对粒子的推力逐渐占据了上风，太阳风便不再受到太阳的引力约束而自由地奔向茫茫太空了。

除了上述解释外，科学家们还曾提出阿尔芬波加速等机制来解释太阳风的加速过程。因此，有关太阳风的加速问题仍然还是一个有待继续研究的问题，目前尚无法下最终的结论。

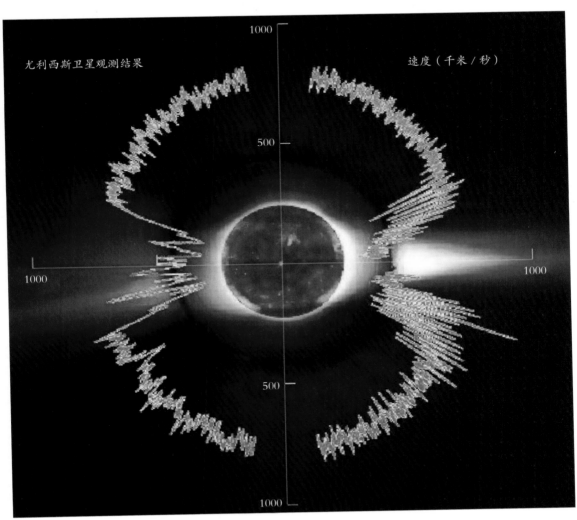

尤利西斯卫星观测结果

速度（千米／秒）

图 113　从太阳不同方向发出的太阳风速度分布

图 114 冕洞，高速太阳风的发源地

极光是如何形成的？

在地球南、北两极附近即高纬度地区，常常会在夜间的天空中看到绚丽多彩，梦幻般的光芒。有时呈条带状，有时又呈弧状、帘幕状、放射状、羽状等；这些光芒时而稳悬天空辉煌耀眼，时而变幻莫测如同踏着音乐节奏的曼舞。许多年以来，人们一直在猜测和探索这种奇妙的天象究竟是如何形成的？生活在北极地区的爱斯基摩人曾经认为那是鬼神引导亡者的灵魂去向天堂的火炬。13世纪格陵兰岛的居民们则认为那是冰雪大地反射太阳的余晖。到了17世纪，人们才开始称它为极光（Aurora）。那么，这种极光到底是怎么形成的呢？

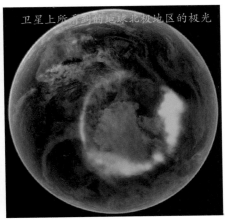

卫星上所看到的地球北极地区的极光

图115　地球极光

随着探测技术的进步和科学家们的研究的逐步深入，极光的奥秘也越来越为我们所知——原来，这绚丽多姿的光芒是太阳风、地球磁场、地球大气共同作用的结果。

在前面的章节里我们已经介绍过了，太阳大气每时每刻都在向外发射出快速粒子流，这就是太阳风。太阳风是由大量带电粒子构成的等离子体，其主要成分是电子、质子和少量重离子，运动速度高达每秒数百千米，是地球上最剧烈的台风速度的上万倍。当它们经过行星际空间的长途跋涉到达地球上空时，由于带电粒子受地球磁场的作用，主要沿磁力线方向螺旋状注入地球大气，与大气分子碰撞而发出辉光，这就是极光。我们知道，地球磁场近似于一个偶极场，其南北两极也都分别位于南极圈和北极圈以内靠近两极的地方。这里是地球磁场最强的地方，磁场位型就像一个大漏斗，来自太阳风中的快速带电粒子最容易沿着地磁场的这个漏斗沉降注入地球大气，轰击大气分子或原子，产生电离并发出辉光。在南极地区形成的极光称为南极光，在北极地区形成的极光通常称为北极光。从卫星上从上而下俯瞰地球的极光，犹如罩在地球极区的一圈蓝色光冕。

图 116　月光与极光

科学家们有时也用电子管电视机来形象地描述极光的物理过程：将太阳风在地球上空的沉降粒子比喻为电视机的电子束；地球磁场比喻为电子束导向磁场；将地球大气比喻为电视屏幕。通过观看这个天然大电视，就能得到有关地球磁层、日地空间电磁活动，甚至太阳活动的大量信息。例如，通过极光谱分析可以了解沉降粒子束的来源、粒子种类、能量大小、地球磁尾的结构，地球磁场与行星际磁场的相互作用，以及太阳活动对地球空间环境的扰动强度和影响方式等信息。

近年来，通过对太阳系其他行星的探测，人们发现，在其他行星，如木星、土星等的两极地区同样也存在极光现象，显示了在太阳系极光具有一定的普遍性。

在地球极光形成的同时，太阳风在地球大气层中注入了巨大的能量，几乎可以与全世界所有发电厂所生产的总电量相比。这种能量通过扰动地球电离层和磁层，从而搅乱人们的无线电通信和雷达信号，干扰大地导航。极光所产生的强大电流，可以使地面大电网中产生局部电流高峰或完全消失，从而使电网运行失稳甚至中断。如何充分利用极光所产生的能量为人类造福，是当今科学界所面临的一项重要使命。

地面太阳宇宙线事件是怎么回事？

从太阳发出注入到地球大气中的带电粒子流中，有一部分粒子的能量非常高，其中电子的能量在 1MeV 以上，质子的能量在 500Mev 以上，运动速度非常接近光速，它们穿越地磁层，能够直接打到地面，这样特别高能的相对性粒子，称为地面太阳宇宙线事件（Ground Level Event，GLE）。观测表明，最强的 GLE 事件中，高能粒子的能量甚至可高达 20GeV 以上。

GLE 是一些来自太阳的相对论性的高能粒子，它们能穿透地球磁层，被地面的中子监测器（Neutron Monitor，也称中子堆）记录到。其探测的一般原理是：中子堆一般用金属铅制成，来自太阳 GLE 中的高能质子与铅原子发生相互作用产生中子，这些中子通过与石蜡的非弹性碰撞而减速，然后被三氟化硼计数器记录。根据记录的中子数量可以推测出入射的太阳高能宇宙线的强度。由于 90% 的 GLE 均为高能质子，9% 为高能电子，还有少量重离子，均为带电粒子，必然会受到地球磁场的偏转而倾向于到达地球的两极地区。在靠近两极地区，地球磁力线近似于垂直于地面。因此，布置在高纬度地区的中子堆对 GLE 最敏感。

在太阳电子—质子事件中，非相对论性电子常常比相对论性的高能电子（> 300KeV）和质子先到达地球，这表明低能电子首先被加速。一般认为，太阳粒子加速包括两个阶段，首先是对电子预加速到非相对论能量，并激发出各种类型的脉冲爆发，形成耀斑。由于电场和波的作用，使电子进一步加速并汇聚成日冕电子流，产生 III 型射电爆发，电子流离开太阳进入行星际空间；第二阶段是耀斑爆发达到极大时，形成日冕激波，产生 II 型射电爆发。激波或其他湍流加速过程将电子加速到相对论能量，同时也对质子进行加速，使高能电子和质子进入行星际空间。高能电子在磁场中激发同步加速辐射，形成 IV 型射电爆发。高能质子则穿透地球大气层从而形成 GLE。

太阳高能粒子的加速与传输是空间天气研究领域最重要的研究课题之一。不同种类的高能粒子的加速和传输机制不同，对同一种高能粒子不同能量范围的粒子加速和传输机制也不相同。一般，能量越高的粒子散射效应的影响越小，越容易直接反映加速的原初过程。所以 GLE 事件是研究太阳高能粒子事件加速机制的最有利的事件。GLE 事件一般发生在太阳耀斑爆发之后10 ～ 30 分钟，而且一般主要与一些大的耀斑关系密切。GLE 事件发生的频率并不高，从 1942年到 2009 年的 67 年间，全世界一共只记录到 70 次 GLE 事件，平均每年大约 1 次。不过，GLE的强度一般都比银河系宇宙线高数十倍。由于其能量高，对近地空间和航天员的活动伤害大，所以受到国际航空与航天领域的高度重视。

美国航空航天局（NASA）2012 年发射了太阳哨兵卫星（Solar Sentinels），这是由六颗卫星组成的多卫星系统。其中，四颗卫星在距太阳 0.25AU 的绕日轨道上，另外两颗分别为近地点的太阳同步卫星和远地点的深空绕日卫星。通过近日的四颗卫星，可以近距离地探测高能粒子的源区和释放过程，精确测定粒子在太阳上的释放时间，而无须考虑传输效应中的行星际散射效应，而且通过四颗卫星多角度的观测，可以了解高能粒子释放时的各向异性，并可得到粒子能谱，从而了解粒子的加速机制。两颗远日的卫星可以对 CME 和行星际激波进行观测。再配合行星际空间卫星和地面观测，太阳高能粒子的研究将迎来光明的未来。

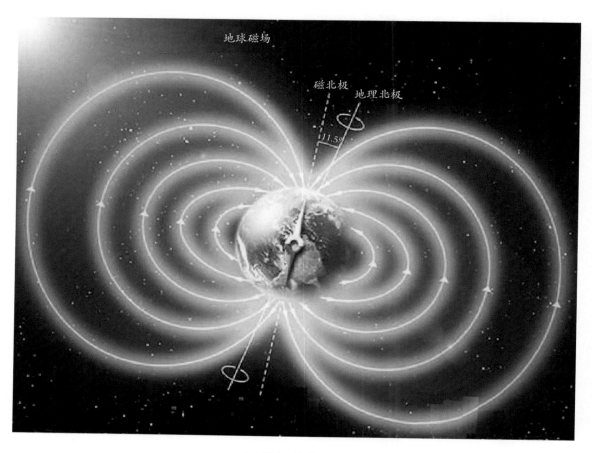

地球磁场

磁北极

地理北极

11.5°

图 117　地球磁场

什么是范艾伦辐射带？

19 58 年，美国物理学家范艾伦（Van Allen）通过对卫星探测数据的分析发现，地球磁场捕获的太阳高能粒子流主要集中在地球周围的两个带形区域，因带电粒子在磁场中做回旋运动并产生回旋加速辐射，因而称为内辐射带和外辐射带，统称范艾伦辐射带。那么，这种辐射带是怎么产生的呢？

由于地球磁场在两极地区强，赤道上空弱，这样在地球上空就形成了一种类似于磁镜的磁场位型。带电粒子进入该磁场位型后在绕磁力线做回旋运动的同时，沿磁力线做来回反弹运动。当粒子的运动速度与磁场的夹角小于逃逸临界角时，粒子逃出上述磁镜位型从而注入到极区大气中产生极光；当粒子运动速度与磁力线的夹角大于逃逸临界角时，粒子被捕获在磁场结构中来回反弹。反弹运动的同时，回旋运动将产生回旋加速辐射，因此形成辐射带。

内辐射带主要位于地球赤道面上空纬度范围大约为 ±40°，高度范围为 600 ~ 10000 千米。其中捕获的高能粒子分布的高度较低，而低能粒子分布的高度较高，主要成分为质子和电子。粒子的主要来源有两种，其中高空核爆炸产生的电子是主要的人工来源粒子，能量一般都超过 690KeV，其数量随时间而逐步衰减；自然来源的电子能量通常都小于 690KeV。内辐射带中的质子数量和能量受太阳活动的影响比较微弱，其空间分布和强度均非常稳定。

外辐射带的空间范围比内辐射带大得多，在赤道上空的纬度范围达 ±70，高度范围为 1 万 ~ 6 万千米。主要由来自太阳爆发活动产生的非热电子组成，因此受太阳活动影响很大。在太阳活动强烈时，外辐射带会捕获大量高能粒子并产生膨胀，体积可以增加 100 度倍。但是，令人困惑的是，外辐射带对太阳风暴的响应非常复杂，有时表现为急剧膨胀，但有时反而发生收缩，这其中的物

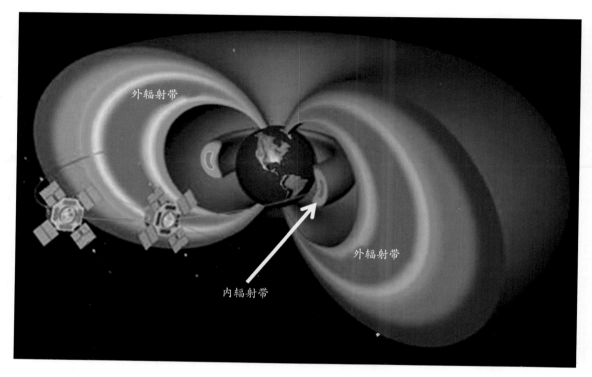

图 118　范艾伦辐射带

理机制到底是什么？科学家们至今仍然不清楚。

　　范艾伦辐射带捕获了来自太阳的绝大部分高能粒子流，从而使我们免受这些高能粒子的轰击，保护了地球生命。但是，由于地球磁力线弯曲，并且磁场强度随高度增加而减小，电子和质子将分别沿相反方向产生漂移运动，从而形成垂直于磁场方向与地球赤道平行的环形电流，这个环形电流感应的磁场成为地磁场的一个扰动分量。由于范艾伦带内的高能粒子的密度和能量都很大，对载人空间飞行器、卫星等构成一种严重的威胁。因此，长寿命的绕地卫星一般都选择在两个辐射带之间的缝隙地带或内辐射带以下的轨道上飞行，以免受到损害。辐射带也影响着哈伯太空望远镜的工作。因为哈伯太空望远镜的轨道高度离地仅 559 千米，当哈伯通过南大西洋上空时必须暂时关闭观测窗口以避免因受到范艾伦辐射带中的高能粒子的轰击而损坏望远镜的观测元器件。

太阳风暴如何影响我们的通信与导航？

虽然主序星阶段的太阳风暴不会给地球带来世界末日般的灾难，但是也会对我们的生活产生许多重大影响。其中，太阳风暴对通信和导航的影响就是非常重要的一个方面。那么，太阳风暴是如何影响我们的通信和导航呢？

首先，远距离的无线电通信是离不开电离层的。电离层作为一种传播介质使电波受折射、反射而传递到遥远的接收机上，同时，电离层的散射和吸收效应又会使电磁波损失部分能量于传播介质中。3～30兆赫的短波是实现电离层远距离通信和广播的最佳波段，在正常的电离层状态下，它正好对应于最低可用频率和最高可用频率之间。由于多径效应，信号衰落较大；300千赫至3兆赫为中波段，广泛用于近距离通信和广播。电离层暴和电离层突然骚扰，对电离层通信和广播都会造成严重影响，甚至信号中断。整个通信系统即包括发射和接收设备，同时也包括地球的电离层，它起着把电磁波向远处传播的作用。因此，太阳风暴对通信的影响表现在两个方面：一方面是太阳风暴中的高能粒子可能击中发射和接收设备的电子元器件，从而干扰通信；另一方面则是太阳风暴期间增强的紫外线、远紫外线和X射线辐射使电离层的高度、密度和厚度等参数都产生剧烈变化，改变无线电信号的传输路径，干扰通信，使无线电波信号被部分或全部吸收，导致信号衰落或中断。这两种作用都有可能让我们的通信中断。

下面再来看太阳风暴对导航的影响。除了航空、航海和高山、沙漠地区的远行需要导航外，随着智能手机的普及，现代社会几乎每个人都已经离不开导航了。去一个陌生的地方旅行，只需打开手机地图，你就可以轻松地找到你想要去的地方。可大家知道吗，整个导航过程其实都与空间环境之间具有密不可分的联系，导航信号来自天上的导航卫星，卫星信号的传输依赖于电离层

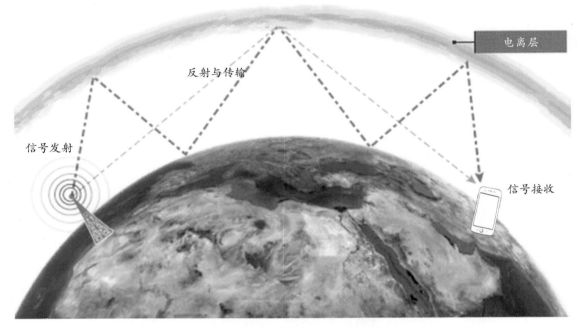

电离层

反射与传输

信号发射

信号接收

图 119　太阳风暴影响地球电离层，进而影响通信

的稳定性。来自太阳风暴中的高能粒子流则对卫星的稳定运行、电离层的厚度和密度等都将产生非常重要的影响：使卫星导航定位系统的精度下降，严重时甚至造成导航接收机失效，无法提供导航信息；使卫星通信的信噪比下降，误码率上升，通信质量下降，严重时可能造成卫星通信链路中断，从而使导航过程无法进行。

在太阳风暴对地球的三轮攻击中，每一轮都有可能引起电离层的分层结构的混乱，从而干扰原本正常工作的无线电通信和卫星导航。

太阳风暴干扰无线电通信的事例屡见不鲜。例如，在 2000 年 7 月 14 日的巴士底太阳风暴事件中，大耀斑爆发导致我国北京、兰州、拉萨和乌鲁木齐等地的电波观测站的短波无线电全部中断。2003 年万圣节前后，全球范围内的通信受到干扰，海事紧急呼叫系统瘫痪，珠峰探险队通信中断，全球定位系统的精度降低，穿越高纬度地区的航班不得不启用了备用通信系统。2006

年 12 月初连续爆发的太阳耀斑对我国的短波无线电信号传播造成严重影响，短波通信、广播等电子信息系统发生大面积中断或受到较长时间的严重干扰。12 月 13 日北京时间 10 时 40 分前后，太阳爆发的一次大耀斑，广州、海南、重庆等电波观测站的短波探测信号从 10 时 20 分左右起发生全波段中断，直至 11 时 15 分以后才逐步出现信号，13 时 30 分以后才基本恢复正常。

图 120　通信与导航网络

太阳风暴会影响我们的电力输送吗？

在现代社会，电力供应已经成为人类生产生活不可或缺的关键部分。当太阳风暴来袭时，不仅电力系统本身可能遭到重创，所有依赖电力的应用系统都将不堪一击，进而造成更加严重的经济损失。

太阳风暴会影响到地面上的电力网的运行吗？这听起来似乎是不可思议的。可事实上确实是有这样的事情发生。

1989 年 3 月 13 日，太阳接连爆发了几次大耀斑事件并触发了日冕物质抛射，随后地球磁层爆发了特大地磁暴，造成加拿大魁北克电网 735kV 电网系统中的变压器在 6 秒钟内先后跳闸并被切断，从而使周边连接丘吉尔瀑布区、莫尼考尔根河区、魁北克市和蒙特利尔市等地区大面积停电，600 万人在没有电力供应的情况下度过了 9 个小时，在严寒中苦熬，甚至有部分人在严寒中失去了生命，直接和间接经济损失超过数十亿美元。与此同时，这次强磁暴还烧毁了美国新泽西州一座核电站的巨型变压器，以及大量输电线路和静止补偿器等电网设备跳闸或损坏。类似的事件在 2003 年万圣节期间的瑞典也再次发生，由于一系列大耀斑的爆发触发地磁暴，有 5 万人的电力供应被中断。上述事件的发生引起了国际社会的震惊和对太阳风暴的广泛关注。正是由于太阳风暴存在诸多危害，而且威力远远超过人类制造的任何武器，有科学家形象地将它称为来自遥远太阳的"太空武器"。

那么，太阳风暴又是通过何种机制烧毁输电网中的变压器，并使电网设备跳闸的呢？

我们已经知道，太阳风暴的主要成分是高能带电粒子流。由于地面电网都是由许多发电站、变压器和输电线路连接而成的网络系统，当高能带电粒子流注入这样的网络中时，将产生三种效应：①激发涡电流，在电网中形成不规则的涌流，如果涌电流进入变压器的线圈中，将因欧姆加热而迅速烧毁变压器。②共振效应，变压器次级线圈的输出频率一般均为50Hz，而进入地球轨道附近的太阳风等离子体的频率也基本上在这个频率附近，两者共振叠加，将在变压器上

图121　地面电网也易受太阳风暴的影响

产生很高的电流输出，从而烧毁电网中的用电器，导致电网短路。③地磁感应电流，太阳风暴对地球的第三轮攻击会引起地磁暴，地球作为由大地和海水组成的良导体，在磁场剧烈变化时会在大地中感应出电场，地面感应电场作用在大规模电网、输油管线、通信网络、交通信号灯系统等导电网络上时，不同接地点之间的地面感应电势差会产生感应电流，称为地磁感应电流（Geomagnetically Induced Current，GIC）。地球磁场的剧烈变化在地球表面诱生地磁感应电流，这种附加电流会使电网中的变压器过载、受损或者烧毁，造成停电事故。

很多时候，上述三种效应同时都在发生作用，于是，就在电网中触发了灾难性的后果。由于太阳风暴的袭击，灯火通明的城市能在90秒内即变成一片漆黑，这就是所谓的"90秒灾难"。此外，地磁感应电流还可能对长距离输油管线和电缆系统产生腐蚀，造成泄漏，影响石油、电缆等管线系统的正常运行。

太阳风暴如何影响航空航天活动？

现代的航空航天活动日益频繁，长途飞行、火箭发射、载人航天、航空遥感、空间地球物理勘探、宇宙探索、卫星导航等，而且涉及每个人的日常生活和国民经济的方方面面。可是，大家知道吗？距离地球 1.5 亿千米以外的太阳直接影响我们的上述航空航天活动，有时甚至会给我们带来非常严重的损失。那么，太阳风暴又是如何影响着我们的航空航天活动的呢？

我们知道，太阳活动产生的太阳风暴中包含三种不同成分：增强的电磁波辐射、高能带电粒子流、快速等离子体云，它们分别先后对近地空间环境产生三轮冲击。可带来下列危害：

（1）破坏微电子器件：每一颗太空飞行器都是成千上万个电子元器件的集合体，它们的稳定运行才能保证太空飞行目标的实现。然而，高能带电粒子到达近地空间后，能穿透卫星外壳和保护层，给卫星平台和携带的有效载荷产生多种辐射效应，可引起微电子器件逻辑错误，造成程序混乱，严重时可能造成器件内部短路、击穿；也可能引起器件材料性能衰退，成像系统噪声增加，太阳能电池效率降低。快速等离子体云激发的地磁暴可引起卫星的充、放电现象，放电脉冲能干扰、破坏电子元器件的正常运行。如果不对卫星进行合理的防护设计和科学的在轨管理，太阳风暴可能对卫星造成巨大影响，严重时甚至能导致整星失效。

（2）伤害宇航员的健康乃至生命：高能带电粒子主要通过两种机制危害人体的细胞组织，一是直接造成生物活性大分子断裂、脱落，导致直接损伤；二是与身体中大量的水分子发生作用，产生自由基，进一步与其他生物分子发生化学反应，造成间接损伤。不过，最终的人体辐射效应危害非常复杂，其严重程度主要与所受到的辐射剂量大小有关。在低剂量辐照时，高能粒子能诱导人体细胞变异，变异细胞可发生遗传变化或导致癌变等严重后果；而高剂量的高能粒子辐射会引起皮肤、骨髓等器官的

图122　太阳风暴影响航空航天

急性损伤（比如引起白内障），严重时甚至会危及生命。而太阳质子事件正是航天员在空间环境中面临的最危险的因素。为了保障在轨航天员免受高能粒子辐射的严重影响，载人航天任务实施过程中采取了大量的辐射防护措施，包括对太阳质子事件进行监测预警，制订各种情况下飞行计划与操作预案，在航天器中建造专门的辐射避难装置，等等，以使航天员受到的辐射尽可能地降低到安全程度。当遭遇到特大太阳质子事件时，仅依靠航天器本身的整体防护是远远不够的。为降低潜在的特大太阳质子事件构成的辐射危险，实施航天员的个体防护是普遍的做法。如在航天器舱内建造一个小的辐射应急屏蔽室。屏蔽室的质量厚度可以大一些，当发生特大的太阳质子事件时，航天员可以躲进由超强聚乙烯材料做成的屏蔽室内以降低接受的辐射剂量。另外，在舱壁内装备上水墙也可以保护舱内工作人员免受辐射威胁。

（3）改变卫星姿态和降低卫星寿命：增强的电磁波辐射，主要指紫外线和极紫外线辐射的增强和能量注入的增加会使得地球大气层膨胀，增加了低轨卫星的大气阻力，让它们提早坠落。高层大气密度增加会改变在轨卫星的运行姿态和轨道高度等。几个小时内的强烈太阳风暴就能使人造卫星的寿命缩短大约两年。同时，电离层因增强的电磁波辐射和快速等离子体云的注入而膨胀、电离度增加，从而使得上、下传信号的传输发生故障。

自从 1957 年，人类首次进入太空以来，曾多次发生卫星运行受到太阳风暴影响的事件。因太阳风暴的冲击而导致卫星失效的事情也不乏其数。2000 年 7 月 4 日的巴士底太阳风暴事件就使多颗卫星发生故障，一颗卫星失效。曾使美国 GOES-10 卫星上携带的高能 γ 射线望远镜的电子传感器发生故障，导致数据无法下传传输；探测太阳风的 ACE 卫星上的一些传感器也发生了临时性故障；SOHO 卫星的太阳能电池板输出永久性退化，卫星减寿一年；WIND 卫星的主要传输功率有 25% 永久丢失；日本 AKEBONO 卫星的计算机遭到破坏。日本用于研究宇宙学和天体物理的 X 射线天文卫星 ASCA 也因这次事件而失去高度定位，导致太阳能电池板错位而不能发电，于 2001 年 3 月提前坠入地球大气层。

图 123　载人航天以来空间环境

太阳风暴如何影响军事活动？

太阳风暴会影响军事行动？有人说这是太阳物理学家们在吹牛。其实，还真的不是闹着玩的，太阳风暴的发生还真的能够影响到一个国家的国防大业！这需要从如下几个方面来解释。

第一，现代战争都高度依赖于通信系统，通信系统相当于军队的"耳朵"。如果战争爆发却通信不畅，相当于耳朵失灵，统帅部将无法调动军队迎战，结果将非常凄惨。太阳风暴发生时，能够强烈地干扰通信指挥系统的稳定运行、破坏通信卫星等，将使军事指挥变成无的放矢。

第二，现代战争还高度依赖侦察系统，尤其是来自空间的卫星侦察，相当于军队的"眼睛"。世界主要大国都先后发射了大量军事侦察卫星，密切监视周边各国的军事动态。但是，当太阳风暴发生时，有可能使侦察卫星失灵甚至毁坏，从而使部队变成了瞎子，这仗也就没法打了。

第三，卫星定位与导航也对军事行动非常重要，而这也同样会受到太阳风暴的严重干扰。

第四，敌情预警系统一般都是由各种型号的雷达设备组成的。当太阳风暴发生时，太阳射电爆发虽然所携带的能量微不足道，但是能产生很宽频带上的干扰信号，能剧烈干扰各种型号的雷达设备，足以让各种雷达系统无法识别敌方的攻击信号。

下面，我们通过一个故事来体会一下太阳风暴对国家安全的重要性。

在 20 世纪 60 年代，美苏两国处于高度紧张的冷战时期。为了侦测苏联的弹道导弹来袭信息，美国在位于北半球高纬度区域部署了非常先进复杂的弹道导弹预警系统，隶属北美防空司令部和航天司令部。北美防空司令部是一个由美国和加拿大为了防御和控制北美空域共同建立的军事机构。该弹道导弹预警系统包括位于阿拉斯加的 Clear 空军雷达站、位于格陵兰岛的 Thule 空军基地、位于英国的 Fyllingdales 皇家空军雷达站，以及位于美国本土的两个 PAVE 相控阵预警系统：

Beale 空军基地和加利福尼亚州 Code 角空军雷达站。美国人坚信，该系统能够发现任何来自美国以外地区的哪怕是最小的飞行器或导弹目标。

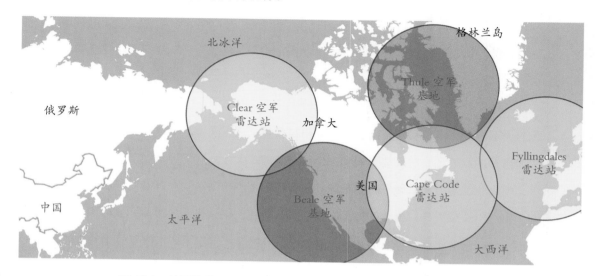

图124　美国的北美弹道导弹预警系统，包括对空间天气的监测预警

　　然而，1967年5月23日，美军弹道导弹预警系统的雷达和通信设施全部遭到了严重干扰以至全部失灵。美军以为是苏联方面正在采取某种大规模的军事行动，立即引起了美军高层的恐慌，将所有军事力量都升级到了临战状态。就在美军准备迎战时，美军所属的太阳活动监测中心的太阳物理学家报告，是太阳射电爆发中断了雷达和电波通信。由于当时调遣的战机还在机场没有起飞，这才避免了一场与苏联之间可怕的战争。

　　原来，美国军方早在20世纪50年代就开始了对太阳活动和空间天气的研究和监测。特别成立了空军气象服务局，建立了大量观测站组成一个庞大的观测网，主要对太阳耀斑进行常态化监测，定期向北美防空司令部的太阳活动预报员提供情报。

　　1967年5月18日，太阳上出现了一个巨大的黑子集群。5月23日，太阳物理学家发现该黑子群非常活跃，预测很有可能会产生大耀斑。马萨诸塞州太阳射电天文台探测到高强度的太阳射电爆发，墨西哥州和科罗拉多州的天文台也观测到了几乎肉眼都能看见的大耀斑。据此预测一场全球规模的地磁暴将在 36 ~ 48 小时内发生，结果应验了。位于北半球高纬度区域的美军弹道导弹预警系统的雷达全部中断，这些用来发现入侵导弹的雷达竟然失灵了！要知道在冷战期间对这些区域监测台站的任何干扰，哪怕是雷达信号的轻微波动都可能被视为是一种战争行动。当得到太阳物理学家的报告，美军才意识到是太阳射电爆发冲击了弹道导弹预警系统的雷达，而不是来自苏联的进攻。随着太阳射电爆发的减弱，雷达所受的干扰也逐渐降低，最后消失。最终，这次事件也使美国军方认识到应当将太阳物理和空间天气研究提升到更重要的位置上，不断加强和完善一个更加强大的太阳物理和空间天气的预报系统。

从上述事例中，我们也应该认识到，太阳物理研究至关重要。掌握太阳爆发的起源和发生规律，准确预报太阳风暴的发生，不但可以使我们的通信、电力、航空、航天等部门规避危害，减少损失，还将为国家安全提供极其重要的保障。

卡林顿事件是怎么回事?

19 世纪，英国有一位很有钱的天文爱好者，名叫卡林顿，他在自家小楼里建了一个天文观测室，安装了一架专门观测太阳黑子的望远镜，日复一日、年复一年地观测太阳黑子的变化。他先后发现了太阳的较差自转，即太阳赤道附近的黑子在日面上转一周大约需要 25 天，而纬度 45° 的黑子转一周需要 27.5 天，由此否定了太阳是个固体球的假设；另外，他还首先发现在每一个太阳活动周开始时，最先出现的黑子总是在离赤道较远的地方，平均纬度为 35°，然后黑子逐渐向赤道靠近，当这个太阳活动周快结束时，所有黑子都集中在南、北纬 5° 左右的位置。

1859 年 9 月 1 日早晨，卡林顿发现在太阳北侧的一个大黑子群内突然出现了两道极其明亮的白光，并且在这个黑子群的附近正形成一对月牙形的亮团，持续了不到一分钟。卡林顿向英国皇家天文学会报告了这一发现。另一位英国天文学家霍奇森也观察到了这次太阳爆发，也向英国皇家天文学会报告了观测结果。在卡林顿报告的事件之后几分钟内，英国格林尼治天文台和基乌天文台都测量到了地磁场的剧烈变化。大约 17 个小时后的 9 月 2 日凌晨，地磁观测站检测到了强烈的地磁扰动，卡林顿推测这与他观测到的太阳上的亮光有关。后来人们把这次爆发事件统称为"卡林顿事件"。图 125 便是卡林顿绘制的当天的黑子分布图。

与卡林顿事件几乎同时，许多地方的电报局报告说他们的电报机在闪火花，甚至有的电线被熔化了。在这天夜里，天空中五颜六色的北极光一直向南弥漫到了低纬度的古巴和夏威夷地带，这个记录一直保存至今。

在卡林顿事件发生期间，观测技术还不够成熟，空间环境扰动监测数据也不够全面。但事后人们根据高能粒子数量、极光范围、地磁扰动和造成的危害等几个方面分析，推断出卡林顿事件是历史上有记载以来最强的太阳爆发事件。美国喷气推进实验室的科学家楚罗塔尼建立了一个理论计算模型，用计算机进行模拟计算，得出 1859 年卡林顿事件的磁暴不仅是有历史记录以来最强的磁暴，而且达到了 1989 年 3 月 9 日魁北克事件中磁暴强度的 3 倍。

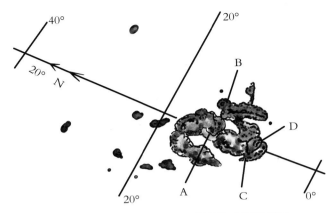

图 125　卡林顿事件中人们描述的太阳黑子图

1859 年的卡林顿事件虽然在强度上远远超过了 1989 年魁北克事件，但是所造成的危害并没有后者严重。这主要是因为在卡林顿那个时候，人类还没有人造卫星、无线电通信和现代电力传输网络。如果卡林顿事件发生在今天，那么它将会造成远比 1989 年魁北克事件更加严重的灾难。它有可能摧毁许多人造卫星、中断卫星通信和导航、冲击地面电力网和输油管网、导致广大范围内的无线电中断、卫星毁坏、导航定位失灵、计算机系统崩溃、大规模停电、宇航员和极区航班乘客受到致命辐射等，其中任何一条都可能导致巨大的社会灾难。因此，科学家们必须坚持不懈地对太阳进行观测和理论研究，才能实现比较准确地预报太阳活动，尤其是对人类生活影响很大的强太阳风暴的发生。

什么叫空间天气学？

我们已经知道，源于各种太阳爆发活动的太阳风暴，在地球及近地空间环境产生了剧烈扰动。对人类的航空、航天、卫星通信、导航、载人航天、电力网输送、石油管线等的安全运行都能产生重大影响。为此而产生了一门新的科学——空间天气学。那么，空间天气学与我们通常所说的天气学有什么区别呢？

通常所说的天气学，是研究地球大气层中的天气现象和天气变化过程的物理本质及规律，并用以制作天气预报的理论基础，英文名为 Synoptic meteorology。其研究对象即为整个地球大气，研究其中的风、云、雨、雪等过程的形成机制和发生发展规律。同时，天气学与气候学有所不同，天气学主要研究瞬时的大气物理现象及其短期变化过程，气候学则主要研究长期的平均的大气物理现象，及其长期变化规律。

空间天气学，英文名为 Space Weather，则是研究太阳及其他恒星的爆发活动对地球附近的行星际空间产生的剧烈扰动及一系列响应机制。主要科学目标是把太阳大气、行星际空间、地球磁层、电离层和中高层大气作为一个有机系统，按空间灾害性天气事件过程的时序因果链关系配置空间、地面监测设施，追踪、了解空间天气过程的变化规律，并为进行灾害性空间天气事件的预报提供可靠的理论基础。空间天气学的理论核心便是太阳活动—行星际空间—地球大气三者之间互相作用的物理机制。主要应用目标是减轻和避免空间灾害性天气对高科技技术系统所造成的昂贵损失，为航天、通信、国防等部门提供区域性和全球性的背景与时变的环境模式；为重要空间和地面活动提供空间天气预报、效应预测和决策依据；为效应分析和防护措施提供依据；为空间资源的开发、利用和人工控制空间天气探索可能途径，以及有关空间政策的制定等。

具体地说，空间天气学研究主要需要应对如下内容：

（1）太阳爆发性活动的规律，这些爆发性活动从太阳表面传播到地球过程中是怎样演变的；

（2）地磁暴和突发式电离层骚扰发生的规律及其对高技术系统的效应；

（3）太阳高能带电粒子流出现的规律及其对航天器安全的影响；

（4）人工局部改变空间天气的方法以及对军事活动的影响等；

（5）各种灾害性空间天气事件的预报理论、预报模型和预报方法。

相对而言，空间天气事件主要发生在距地表 30 千米以外的太空，涉及的物理参数与日常所说的天气学有很大不同。空间天气关心的"风"指的是太阳风，"雨"则是指来自太阳风暴的高能带电粒子流；空间天气没有阴晴之分，但有太阳和地磁场的"平静"与"扰动"之别，空间天气所关注的"冷暖"也特别指太阳的紫外线和 X 射线辐射的变化。

发展空间天气学，建立独立自主应对空间天气变化的监测、研究与预报体系，既是应对自然灾害的挑战，更关系到国家综合实力和国防实力的提升，是一门具有重要基础性、战略性和前瞻性的跨世纪新学科。我国从 20 世纪 70 年代开始就先后建成了一系列先进的地基射电、光学探测系统，并开展了大量研究，在中国科学院国家天文台组建了太阳活动预报研究团组、在国家空间科学中心成立了空间天气学国家重点实验室、在国家气象局设立了国家空间天气监测预警中心，定期发布有关空间天气的预报结果。

第七章

太阳的未来

太阳爆发能导致地球的末日吗？

曾经有一种预言称，2012 年 12 月 21 日将是地球的世界末日。因为在这一天，太阳活动异常强烈，超强的太阳爆发产生超强的电磁辐射和高能粒子发射，会使地球磁场倒转、地震频发、洪水泛滥，从而导致地球大毁灭。甚至为了应景，美国好莱坞还拍摄了电影《2012》以此渲染。然而，今天我们知道，在 2012 年 12 月 21 日这一天我们的地球是在非常平静的状态下度过的。太阳磁场的图像似乎比平日里还要平静许多，朝向地球方向的活动区只有 3 个，均处于活动性很弱的状态；太阳黑子相对数不超过 40——远低于一般峰年的平均水平。GOES 卫星的软 X 射线流量曲线也比前些日子还要平静，最大的耀斑事件也都没有超过 B，这基本上和宁静太阳没有多大差别。不过，仍然有人在问，将来某一天，太阳爆发能导致地球的末日到来吗？

首先，我们需要明确地说，太阳目前仍然还处在平稳的壮年期。太阳的总寿命大约为 100 亿年，到目前为止刚刚经历了 50 亿年，还要经过大约 50 亿年，太阳才能步入老年阶段。可以说，目前的太阳正处于其生命周期中最平稳的阶段。这个阶段虽然也存在太阳耀斑、日冕物质抛射、爆发日珥和各种大小的喷流等在我们看来是非常剧烈的活动现象，但是相对于太阳总体能量释放水平来说，在上述爆发过程中所释放的能量是微不足道的。这可以从下列简单的数量对比来确认。太阳宁静时刻释放能量的水平可以用太阳光度来表示，其强度大约为 3.845×10^{26} 焦耳 / 秒；在太阳活动逢年，一个 X 级的大耀斑能在大约 1000 秒时间内释放 4×10^{25} 焦耳的能量，释放能量的强度大约为 4×10^{22} 焦耳 / 秒，这个强度大约为太阳光度的万分之一。即使是历史上曾经有记载的所谓超级耀斑，如 1859 年的卡林顿事件、1989 年的魁北克事件等，其释放能量的强度大约比上述 X 级大耀斑高一个数量级，但也仅仅只有太阳光度的千分之一，也就是说比我们地面上平时

图 126　电影《2012》的宣传画

所接收到的太阳能多千分之一，这是很难在地球上激发所谓的大地震和大洪水泛滥的。

但是，应该注意，上面说的都是在太阳处在主序星阶段时的情形。大约 50 亿年后，太阳核心区的燃料逐渐耗尽，太阳将告别其主序星阶段而演变成一颗巨大的红巨星时，情况又会怎么样呢？

科学家们通过大量的理论研究和数值模拟研究表明，当太阳演化到红巨星阶段时，其半径将接近地球轨道附近，完全吞没了水星和金星。由于太阳失去了部分质量，引力减小，地球的轨道也逐渐外移。不过，到时候地球距离太阳红巨星的表面仍然比现在近很多；太阳总光度比现在高 2000 多倍，地球表面的温度将比现在高 100 多摄氏度，海水将被完全蒸发，地表的几乎所有生物都将不复存在。到那时，真的就是世界末日了。如果人类能够繁衍到那个时候，也许通过未来的高科技手段，人们早就找到了其他宜居星球并实现星际移民了。不过，那都是 50 多亿年以后的事情了，要知道，人类有文字记载以来的历史至今还不到一万年呢！

大约 125 亿年后，太阳步入年老期，变成一颗红巨星

图 127　太阳变成红巨星时，将吞没水星和金星，并烤热地球

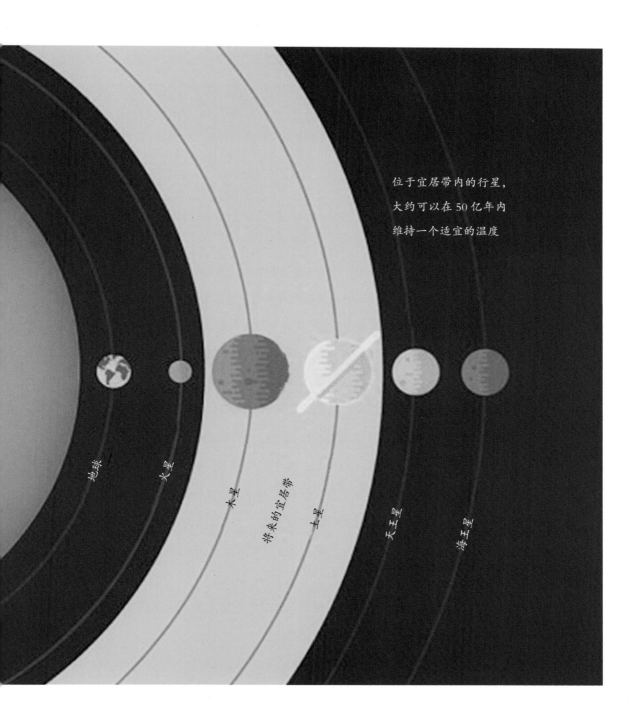

位于宜居带内的行星，大约可以在 50 亿年内维持一个适宜的温度

地球

火星

木星

将来的宜居带

土星

天王星

海王星

太阳的寿命有多长？

我们一个普通人的寿命，就目前来说就是 70 ~ 80 岁，高寿的人可以活到 100 岁以上。那么，太阳有寿命吗？太阳能活多久呢？

我们知道，科学家们通过对地球上的放射性元素的测量可以计算地球的年龄，迄今测得地球的年龄大约为 46 亿年。对来自太空的陨石残骸的放射性测量发现，最古老的陨石年龄大约为 49 亿年。天文学家们认为，太阳的年龄应该比地球或陨石大，因此推断，太阳的年龄至少应该有 49 亿年了。因为，陨石都是来自太阳系内的，根据太阳系形成的星云学说，太阳系内的所有天体和太阳都应该是几乎同时形成的。

那么，太阳还能存在多久呢？也就是说，太阳的寿命有多大呢？

事实上，一颗恒星的年龄是不能直接通过测量来确定的，只能基于某些观测参数，并结合一定的理论模型来进行间接推断。太阳作为一颗恒星，其生命历程包括最初的引力收缩阶段、主序星阶段、红巨星阶段以及红巨星以后的演化阶段。因为太阳在主序星阶段停留的时间最长，辐射强度也基本稳定。当它从主序星阶段过渡到红巨星阶段时，半径将增加上百倍，辐射将增强上千倍，此时地球上所有的生命都将无法存活。因此，我们不妨定义太阳的寿命为它在主序星阶段停留的时间长短。

太阳在主序星阶段是以内部开始稳定产生氢核聚变反应作为起点的。稳定的氢核聚变称为氢燃烧。太阳的寿命则是由其氢燃烧的持续时间来决定的。

太阳内部的氢核聚变反应只发生在日核区域，反应产物为氦，形成一个同温的氦核，氦核周围是一个正在进行氢燃烧的氢壳。随着氢燃烧，氢壳逐渐向外推移，氦核也逐渐扩大，直到氦核

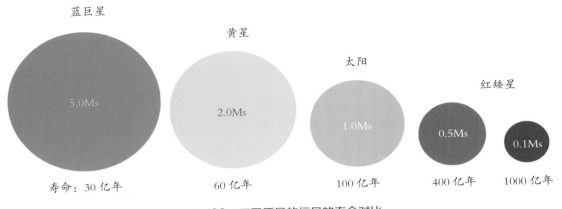

蓝巨星

黄星

太阳

红矮星

5.0Ms

2.0Ms

1.0Ms

0.5Ms

0.1Ms

寿命：30 亿年

60 亿年

100 亿年

400 亿年

1000 亿年

图 128　不同质量的恒星的寿命对比

的质量达到太阳总质量的 10% ~ 15% 时，氦核外围的氢因为温度和密度都不够高，无法再触发有效的氢核聚变反应，中心同温氦核再也抵抗不了外层物质的自吸引，从而发生猛烈坍缩，塌缩释放出的引力能导致太阳外层发生急剧膨胀，体积迅速扩大，太阳进入红巨星阶段。

可见，太阳寿命是由太阳中心区域 10% ~ 15% 的物质中氢原子核的数量决定的。下面我们按 12% 进行计算，这部分氢核称为可燃烧的氢。太阳物理学家根据太阳宇宙线和太阳大气外层的光谱分析结果，以及标准太阳模型计算出，太阳的日核区氢的质量百分比为 78.8%。太阳的总质量为 1.989×10^{30} 千克，则可燃烧的氢的质量为 1.88×10^{29} 千克，换算成氢原子数则为：1.12×10^{56}，每 4 个氢核聚变为一个氦核并释放出能量 26.7 兆电子伏特，则释放的总能量为 $W=7.5 \times 10^{62}$，电子伏特 $=1.25 \times 10^{44}$ 焦耳。再根据观测到的太阳光度为 $L=3.85 \times 10^{26}$ 瓦。两者相除，即可得到太阳氢燃烧的持续时间为：3.25×10^{17} 秒 ≈ 100 亿年。也就是说，太阳的寿命大约为 100 亿年。

我们已经知道，太阳目前的年龄大约有 49 亿年了，那么，太阳在主序星阶段还能继续存在 51 亿年左右。这期间，太阳的辐射基本上是相对稳定的，不会对我们的地球产生什么毁灭性的破坏。

100 亿年！那么，太阳是不是就是宇宙中最古老的天体呢？事实上不是，科学家们研究发现，恒星的质量越大，其中心温度越高，核聚变反应越剧烈，氢核聚变燃烧的速度也就越快，其寿命反而越短！比如，太阳的寿命大约为100亿年；质量为太阳5倍的蓝巨星，其寿命却只有30亿年，宇宙中的第一代蓝巨星早就寿终正寝了；而一颗质量为太阳一半的红矮星，其寿命可达400亿年，比整个宇宙目前的年龄还要长！

在宇宙演化的早期，大质量恒星比比皆是，但他们很快就燃烧殆尽，生成较重的元素，通过超新星爆发而变成宇宙灰烬，为下一代恒星、行星以及生命的产生准备了原材料。

太阳最终的结局是什么？

前面我们已经提到过，从今天开始算起，大约再经过 50 亿年，太阳核心区的氢核聚变燃烧将"油尽灯枯"，太阳将告别其壮年期——主序星阶段，步入老年阶段。那么，太阳最后的结局是什么样的呢？

由于核心区氢燃料耗尽，太阳将开始坍缩。这种坍缩导致的升温很快会点燃核心区以外临近壳层中的氢核聚变。因此，这时太阳内部将同时出现两个不同的过程：核心区在引力作用下的坍缩和核心区临近壳层内的氢核聚变。后者产生的高温高压将使太阳外部壳层发生剧烈膨胀，从而使整个太阳变成一颗体积巨大，表面温度却因剧烈膨胀而下降到 2600 开左右、颜色偏红的天体，称为红巨星（Red giant）。

太阳在红巨星阶段将逗留几亿年。在此期间，太阳直径将达到现在的 250 倍左右，体积为目前的 1000 万倍，达到目前地球轨道附近；表面温度虽然有所降低，但是表面积增加到目前的几万倍，总光度可达目前的两千倍以上。

太阳在红巨星阶段，将吞噬水星和金星。强劲的太阳风还将带走大量太阳物质，使之失去大约 30% 的质量。因此，太阳对地球的引力也将减弱 30% 左右，从而使地球公转轨道将比现在远离太阳。这种远离是否足以使地球躲过烈火焚身的浩劫，学术界尚无定论。但是，可以肯定的是，地球似乎就在生死线上挣扎，近在咫尺的上千摄氏度高温的烘烤，许多物质都熔化了，将不会再有任何生命存在的可能。

由于氢的耗尽，太阳核心区主要成分将变成氦，随着氢壳层的不断燃烧，越来越多新生成的氦将加入到坍缩的氦核心上。氦核心的温度随着坍缩不断升高。最终，当氦核心的质量达到太阳总质量的 45% 以上时，坍缩将使温度升高到一亿度以上。氦核终于也被点燃了，开始发生氦核聚变成碳核，以及氦核与碳核聚变成氧核的核聚变反应。这个点火过程几乎瞬息之间就能传遍整个氦核心，称为"氦闪"（Helium flash）。这是太阳的最后一个燃烧阶段——氦燃烧——也被称为太阳最后的辉煌。

氦燃烧的一个突出特点是它对温度非常敏感，哪怕核心温度只有 2% 的变化，也会导致光度的加倍或减半。由于这种敏感性，太阳的光度和体积将会发生频繁的脉动，尚未被太阳风带走的太阳外层物质将会在这种脉动中被抛入太空。整个氦燃烧阶段只有几千万年。

太阳晚期通过太阳风及脉动等形式抛射出去的太阳外层物质，将在太阳周围形成一片美丽的小星云，称为行星状星云（Planetary nebula）。行星状星云中除了包含恒星外层那些未经燃烧的轻元素外，还包含一些被对流带到外层的碳、氧等恒星核聚变反应所生成的重元素。将来它们也许将与宇宙中的其他物质汇集成新的大型星云，并成为新一代恒星、行星乃至生命的原材料。

抛射掉了大量外层物质后，太阳成了一个富含碳和氧的内核。其质量大约相当于目前太阳质量的一半，成为一个温度极高、稳定、致密、体积与地球差不多的天体，发出炽热的白光，被称为白矮星（White dwarf）。

白矮星虽然炽热，由于内部不再产生新的能量，最终将在冰冷的星际空间中逐渐辐射冷却而降温，再经过数十亿年的冷却，它逐渐由白变暗，由暗变黑，最后变成一颗不再发光的、看不见的冰冷天体——黑矮星（Black dwarf）。它的巨大引力场将是曾经生机勃勃的太阳系的最后墓碑，它曾经抚育过的无数生灵，都将成为过往烟云——这就是太阳最后的归宿。

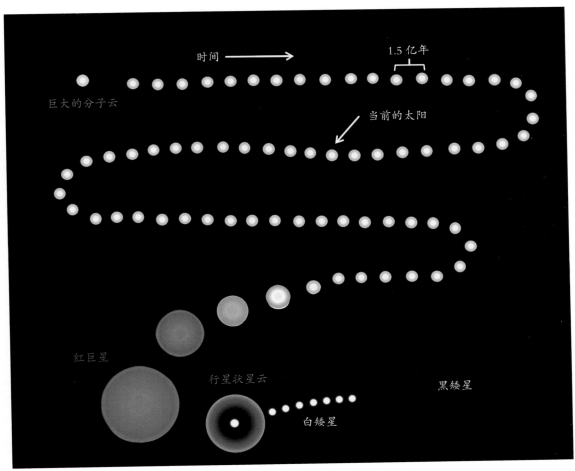

图 129 太阳最终的结局——黑矮星

POSTSCRIPT
后 记

太阳，每天都出现在我们的头顶。我们对它是如此的熟悉，又是如此的陌生。太阳离我们很远，人类永远没法直接到太阳跟前去实测它；太阳又离我们很近，这是无穷宇宙中离我们最近的一颗恒星。利用现代高科技手段，我们可以遥测到太阳上每一时刻发生的细微活动——对其他任何星星来说，这都是不可想象的。也正因为如此，太阳成了我们探索宇宙的第一站。尽管如此，太阳还有无数的秘密等待着我们去探索：

为什么太阳大气如此热？

为什么太阳爆发几乎都发生在太阳大气里，而不是在其表面或内部？

如何预报太阳爆发呢？

太阳磁场究竟起源于何处？

什么因素决定了太阳活动周的时间长度和强度？

存在太阳元爆发吗？

太阳上有暗物质存在吗？如果有，它将如何影响太阳活动和太阳演化？

…………

在这本书里，介绍了许多有关太阳的知识，同时也提出了许多问题，这些问题既让科学家们绞尽脑汁，也让他们充满追逐梦想的激情。相信这些问题也将激励未来年轻的朋友们去探索未知的欲望。但愿本书能带给朋友们新的感受和新的追求！